中微子

物理学中的
不可承受之轻

潘士先 ◎ 著

清华大学出版社
北京

版权所有，侵权必究。举报：010-62782989，beiqinquan@tup.tsinghua.edu.cn。

图书在版编目 (CIP) 数据

中微子：物理学中的不可承受之轻 / 潘士先著. -- 北京：清华大学出版社, 2025. 6.
ISBN 978-7-302-69285-0

Ⅰ. O572.32-49

中国国家版本馆CIP数据核字第20256LZ591号

责任编辑：刘　杨
封面设计：何凤霞
责任校对：薄军霞
责任印制：沈　露

出版发行：清华大学出版社
　　　　网　　址：https://www.tup.com.cn, https://www.wqxuetang.com
　　　　地　　址：北京清华大学学研大厦A座　　邮　　编：100084
　　　　社 总 机：010-83470000　　　　　　　　邮　　购：010-62786544
　　　　投稿与读者服务：010-62776969, c-service@tup.tsinghua.edu.cn
　　　　质量反馈：010-62772015, zhiliang@tup.tsinghua.edu.cn
印 装 者：小森印刷（北京）有限公司
经　　销：全国新华书店
开　　本：148mm×210mm　　印　张：6.875　　字　数：155千字
版　　次：2025年6月第1版　　　　　　　　　 印　次：2025年6月第1次印刷
定　　价：56.00元

产品编号：093117-01

小序

中微子物理是粒子物理学中异军突起的一支，它超出了粒子物理学的原有框架，很有可能引出新的物理。中微子相关研究迄今已获4次诺贝尔物理学奖。2020年4月，日本东海-神冈T2K实验[①]发现中微子与反中微子的行为不同，其不对称之大达到有望解释宇宙中物质-反物质不平衡的程度。这一发现被《自然》评为2020年十大科学发现之首，被称为"宇宙中物质起源之谜的首个佐证"。由此可见中微子研究前景之一斑。

我早想翻译一本介绍中微子的普及读物，阅读和浏览了几本市面上的书后，总感觉意犹未尽。因为疫情肆虐，避疫居家，于是动了自己尝试写作的念头。中微子探索自1930年泡利提出"中子"猜想始，至今逾90年，仍望不到尽头，这是一个由许多传奇科学家演绎的极富科学悬念和趣味的过程。我细水长流地写了十多个月，终于成稿，愿意拿出来与有兴趣的读者分享。我得坦承，我没有读过有关的原创论文，更不是物理科班出身，但我阅读了很多前沿物理的原著，并介绍和翻译给国内的读者。我的材料都来自读的那几本书（见参考读物），加上维基百科和其他网载材料，所以说不上什么创作。不过是一个耄耋老人的自学报告，拿出来也算是"老夫聊发少年狂"了，其中错误恐怕不少，敬请读者特别是物理界人士批评指正。

感谢宋成斌老师的热情鼓励与帮助。感谢朱烨女士帮我制作了图片。

潘士先
于美国加利福尼亚州萨拉托加

---

① T2K实验：一个粒子物理实验的国际合作项目。

目　录

第 1 章　中微子和粒子世界 / 1

第 2 章　中微子：从猜想到理论 / 30

第 3 章　捕获中微子 / 55

第 4 章　中微子震荡 / 81

第 5 章　25 个中微子：宇宙信使 / 104

第 6 章　对称和对称破缺 / 125

第 7 章　希格斯玻色子：质量从哪里来？ / 153

第 8 章　马约拉纳粒子：粒子 = 反粒子？ / 177

结语 / 200

参考资料 / 203

附录　与中微子有关的事件（部分）/ 205

第 1 章
中微子和粒子世界

让我们先介绍本书的主角——**中微子**。

中微子是当代**粒子物理学**——在迄今所能达到的最小长度和最短时间尺度上探索物质世界的科学——所确认的基本物质粒子之一。也就是说，它们属于物质的基本组分。本章下面的篇幅基本上就用来展开上面这句话。具有这方面知识的读者可以跳过本章，从第 2 章开始阅读。

两千多年前，古希腊哲学家德谟克利特主张世界上所有的物质均由一种最细小的粒子组成。这种最细小的粒子叫作原子，在希腊语里是不可分割的意思。德谟克利特的这一主张后来成了物理学的一个基本命题，几个世纪以来那些研究物质基本性质的物理学家都在不断地追寻德谟克利特原子，相继发现构成物质的越来越小的粒子。今天我们仍不知道这有没有尽头，有一天也许会找到德谟克利特的那个原子。

早在 19 世纪第一个 10 年，英国化学家、物理学家和气象学家道尔顿通过分析他本人和其他学者搜集的数据，发现了**倍比定律**，即在包含一种特定化学元素的任何化合物中，这种元素在化合物中的含量都是一个小整数之比。例如对三种氧化物——一氧化二氮（亚硝）、一氧化氮和二氧化氮，每 140g 氮分别有 80g、160g 和 320g 氧。第一种和第二种化合物的氧含量之比为 1∶2，第二种和第三种化合物的氧含量之比也为 1∶2，第一种和第三种化合物的氧含量之比为1:4。他由此在化学中引入了**原子**的概念：原子是构成化学元素的物质的最小单位，任何固体、液体、气体（物质的三种基本形态）均由原子构成。

20世纪初，原子的结构逐渐被揭示出来。经许多科学家于19世纪中对阴极射线的研究，1897年英国物理学家汤姆森发现**电子**。他发现阴极射线是一种带负电荷的粒子，其质量是最轻的原子——氢原子质量的约1/1800，故它不是原子，而是一种新粒子；他还通过其在磁场中的行为测定了它的一种重要特征——**荷质比**（电荷与质量之比）e/m。基于电子的发现，汤姆森考虑原子的结构。他想象原子像一个球，正电荷均匀分布在整个体积中，带负电荷的电子嵌在球内。这种结构被形象地称为**李子布丁模型**。

1908—1913年，新西兰物理学家卢瑟福与同事盖革和马斯登用当时新发现的一种带正电的粒子（α粒子，见第2章）轰击金属箔，发现有些α粒子的偏折大于90º（被弹射回来），他们由此推断原子质量不是均匀分布在整个体积中，而是集中在原子中心的一个核上，而轻得多的电子则像行星绕日般绕这个核——**原子核**——运行。于是李子布丁模型被行星模型取代。1917—1920年，在用α粒子轰击氮核的实验中，卢瑟福发现有亚原子粒子——氢核——从核内发射出来，后来他称其为**质子**。质子的发现使周期表中的**原子数**有了物理意义：原子数等于原子在其核内包含的质子数。但行星模型有一个严重的问题。电子在其轨道上旋转时像一枚小天线般地发射能量，故将在不断流失能量的同时盘旋并最终降落到原子核上，这样原子就不可能是稳定的了。

1901年初德国物理学家普朗克发表了他的**能量量子假设**。这个假设提出，电磁能量只能以**量子化**的形式即能量元释放，也就是说，辐射的能量是一个基本单元 ε 的倍数，ε 与频率 ν 成比例：$\varepsilon=h\nu$。这个公式叫作**普朗克公式**，其中比例常数 h 是一个基本物理常数，叫作**普朗克常量**。普朗克假设是献给新世纪的第一个科学大礼，它拉开了量子革命的序幕。1913 年，丹麦物理学家玻尔利用普朗克假设提出了**玻尔原子模型**。在玻尔原子模型中，原子的电子只能在一组有限的、各对应不同离散能量值的轨道上旋转，电子可通过吸收或发射光子从较低能级的轨道跳到较高能级的轨道或相反。玻尔原子模型虽不完美，但足以使人们消除物质是由原子构成的怀疑。1924 年，法国物理学家德布罗意在其博士论文中提出电子波动性及一切物质具有波动性的假设，即**德布罗意假设**。一个粒子的波长与动量通过德布罗意关系，即 $\lambda=h/p$ 相联系，式中 λ 为波长，p 为动量，h 是普朗克常量。德布罗意关系是量子力学**波粒二象性**的核心概念之一。这个假设在提出之初颇受怀疑，被一些人讥讽为"法兰西喜剧"，但受到爱因斯坦的支持，并在 1925—1927 年被电子衍射实验所验证。

1926 年，奥地利物理学家薛定谔利用德布罗意假设推导出量子力学的一个基本方程——薛定谔方程，他本人还用这个方程解出了氢原子中电子的三维波动。依照电子的波动描述，玻尔原子模型中的电子不再是人们通常所理解的"粒子"，而是围绕核的"电子云"。于是玻尔原子模型被玻尔-薛定谔原子模型取代。这基本上就是我们今天所接受的原子模型。

上面我们一连提到了好几位载入史册的杰出物理学家的名字：普朗克、玻尔、德布罗意和薛定谔。他们都是量子力学的开创者，因其上述贡献而分别获得 1918 年、1922 年、1923 年、1933 年诺贝尔物理学奖。本书不可避免地要用到一些量子力学的基本概念，但我们将尽量"淡化"

处理，点到为止。①

玻尔-薛定谔原子模型已明确宣示，物质是由原子组成的，而原子本身是由比它更小的粒子——电子和质子——组成的。换言之，电子和质子是原子的组分。但我们都知道，原子还有一个组分——**中子**。中子的发现还在大约20年后。

1931年，博特和贝克尔发现一种不受电场影响的穿透性辐射。1932年，居里夫人的女儿和女婿，伊雷娜和约里奥·居里，开始研究这种射线的行为。这几位物理学家距发现中子仅一步之遥。最后是英国物理学家查德威克捅破窗户纸，发现了中子。他经多次实验证实，这种射线由一种质量与质子几乎相同但呈电中性（不带电荷）的粒子构成。这种粒子被很恰当地称为**中子**。查德威克也因此破解了一个化学家发现的谜：元素的不同同位素（同一元素的不同同位素在周期表中占有同一位置）何以具有不同的质量。例如碳有三种同位素：碳-12、碳-13和碳-14，它们在周期表中占有原子数为6的同一位置，意味着它们各有6个质子，但它们的质量比为12、13和14。查德威克指出，这是因为原子核还有一个组分：中子；不同的同位素具有相同的质子数但不同的中子数。例如，碳的三种同位素各包含6个、7个、8个中子。查德威克因此获1932年诺贝尔物理学奖。

电子、质子和中子及原子结构的发现打开了亚原子世界的大门。原子的大小在 10^{-10}m 或 10^{-8}cm 的量级。换言之，大约 10^8 个原子排成一行有你小手指头那么宽。质子的直径最先由斯坦福大学物理学家霍夫斯塔

---

① 有兴趣的读者可参阅《量子迷宫：历史·理论·诠释·哲学》（吉姆·巴戈特著，潘士先译，科学出版社，2012），这是一本比较全面地介绍量子力学的书。

特测得，在 0.84～0.87fm（即飞米，1fm=10^{-15}m），他因此获得 1961 年诺贝尔物理学奖。最新（2019 年）的测量结果为 0.833fm。据我们所知电子没有体积：它是一个点粒子。

电子、质子和中子不是粒子发现的终结，而是大量新粒子发现的开始。云室[①]和粒子加速器[②]的应用加速了粒子发现的步伐，20 世纪 50—60

[①] 云室（也称威尔森云室）是 20 世纪 20—50 年代广泛应用于宇宙辐射观测的一种粒子检测器。1911 年苏格兰物理学家和气象学家查尔斯·威尔森（Charles Wilson）发明了云室——一个内充水或酒精的超饱和蒸气的密封玻璃盒。当高能带电粒子进入云室时，超饱和蒸气沿其路径凝结，从而使粒子轨迹可视化。在磁场中，这种轨迹对不同荷质比的粒子具有不同的形状，如对电子，轨道纤细且弯曲，对 α 粒子（氦核，由 4 个质子构成）轨迹粗且直。故可通过轨道形状识别粒子。威尔森因此发明获得 1911 年诺贝尔物理学奖。

[②] 粒子加速器是研究物质的基本结构及相互作用的强大工具。粒子物理学家使用加速器来产生高能（可达数百 GeV）粒子（电子、反电子、质子、反质子）束，进行各种粒子物理实验。核物理学家用加速器产生重核（如铁或金）的高能粒子束，以观察核本身的性质。宇宙学家利用加速器仿真早期宇宙的演变。粒子加速器原理上和从前电视使用的阴极射线显像管基本相同。在显像管里，阴极发射的电子被电场加速、聚焦，投射到屏幕上产生图像。直线加速器的思想由匈牙利-美国物理学家里奥·西拉德（Leo Szilard）和挪威物理学家罗尔夫·韦德罗伊（Rolf Widrøe）提出，后者于 1928 年成功进行实验。直线加速器沿直线管道加速电子（质子、µ 或离子），沿管道有一系列的射频（谐振）腔，电子每经一腔获得一次加速，最后达到所需的能量。著名的直线加速器有费米实验室 100m 长的质子加速器，斯坦福直线加速器中心（SLAC）3.2km 长的电子加速器等。伯克利加大的欧内斯特·劳伦斯（Ernest Lawrence，著名华裔实验物理学家吴健雄的博士导师）发明回旋加速器。在这种加速器中，粒子被注入圆盘形机器的中心，在那里受电场的推动，一个垂直磁场使粒子环状运动，粒子每经一圈受到一次推动，故粒子束成螺旋状进入一条圆形轨道，比之直线加速器的优点是体积较小。劳伦斯为此获得 1939 年诺贝尔物理学奖。在核物理中应用数十年后，回旋加速器已被同步加速器所取代，但仍广泛用于小型医学（质子放疗、PET 成像等）加速器。首先提出同步加速器概念的是苏联人弗拉基米尔·维克斯勒（Vladimir Veksler），但 1945 年最先在西方建造。在同步加速器中，粒子从 RF（射频）腔获取能量，但随着粒子能量增高，磁场也相应增强，从而使粒子束保持在很大的圆形轨道上。因为粒子束管道截面小，磁场可集中在管内，使建造成本大为节约。现代大型加速器都采用这种形式。目前世界最大的 CERN（欧洲核研究组织）的 LEP（大电子-正电子对撞机）就是同步加速器，其环形隧道的直径达 6.4km。

年代发现了大量亚原子粒子。新粒子的名单急速膨胀，并且统称为"基本粒子"。当时科学家看不出这么多的基本粒子中有什么内在的秩序和结构，为此感到迷惑。这种情形反映在美国物理学家兰姆在接受1955年诺贝尔物理学奖的致辞中的一段话中。他说："过去，基本粒子的发现通常被授予诺贝尔奖，但现在，这样的发现应当罚款一万美元。"1964年，加州理工学院物理学家盖尔曼和俄裔美国物理学家茨威格独具慧眼，他们各自从大量"基本"粒子中发现一种内在的结构模式，由此开启了发现夸克之旅。

夸克

盖尔曼和茨威格提出一种模式，只要用3个元素即可解释看似杂乱无章且不知其相互联系的大量粒子态。盖尔曼称这3个元素为3个**夸克**，分别是上（u）**夸克**、下（d）**夸克**和奇（s）**夸克**。夸克这个名称颇为奇特。据盖尔曼在其名作《夸克和美洲豹》（*The Quark and The Jaguar*）中说，他头脑里先有了"夸克"的声音，后在偶尔翻阅爱尔兰作家詹姆士·乔伊斯的《芬尼根的守灵夜》（*Finnegan's Wake*）时，从其中一句诗的"三声夸克"定下了这个名称。夸克是一种鸥鸟的叫声，据说也是一种十分美味的斯拉夫奶酪的名称。我们不妨把这理解为物理学家的幽默感。盖尔曼没有明确这3个夸克是数学概念还是物理实体。1968年，斯坦福直线加速器中心（SLAC）[①] 和麻省理工学院的物理学家用高能电子轰击一

[①] SLAC（斯坦福直线加速器中心，现称SLAC斯坦福国家加速器实验室）是目前世界最大的直线加速器，可将电子加速到50GeV的能量，始建于1966年。SLAC的研究范围极为广泛，包括粒子物理、固态物理、天体粒子物理、化学、生物学、医药学。SLAC产生了3个诺贝尔物理学奖——1976年发现粲夸克（号称十一月革命），1990年发现质子和中子内的夸克结构和1995年发现陶。近年来SLAC每年接待的国际研究人员有数千人，其中中国学者亦不在少数。

个氢靶，发现有相当数量的电子从氢核（质子）弹射回来。如果质子是一个均匀球就不可能发生这样的情形。相反，只有质子内分布着细小且坚硬的粒子，才会发生这样的散射。由此证明夸克不只是一个数学概念，而是实在的构成质子的物理实体。盖尔曼因此获得1969年诺贝尔物理学奖。进一步分析表明，这个实验直接给出了质子由上夸克和下夸克构成的证据，还给出了奇夸克存在的间接证据（图1-1）。

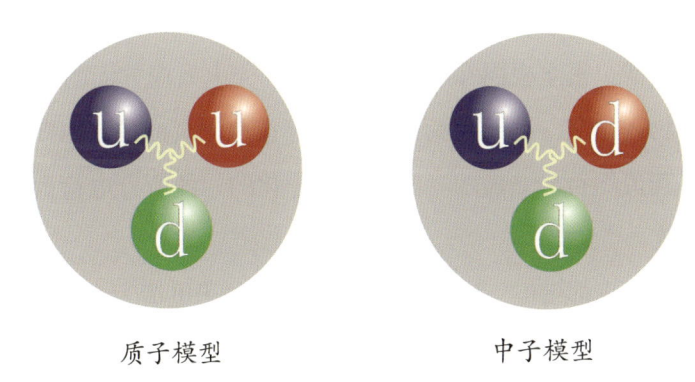

图1-1 质子和中子的夸克模型，图中波纹线表示夸克间作用的力

夸克的发现进一步"解构"了原子核，我们进入了物质的一个更深的层次——比质子和中子尺度更小的层次。迄今为止，已知的最细小的粒子是电子和夸克。就我们现在所知，它们是**点**粒子——这个"点"字是几何意义上的点。物理学家说，电子没有空间延展（体积），没有内部结构。夸克也一样，既然是点粒子，当然也就无可再分，所以它们都是迄今被认为的基本物质粒子。

电子和夸克都有质量，它们的（静止）质量均已测定。根据爱因斯坦著名的质能转换公式 $E=mc^2$（c 为光速），质量与能量是等价的，故粒子的质量一般以等价的能量表示。在粒子物理学中能量的单位常用电子伏（eV）。1eV 相当于一个电子经 1V 电压（电位差）加速后所具有的能量。电子的质量为 $0.511\text{MeV}/c^2$（$1\text{MeV}=10^6\text{eV}$）。类似地，上、下夸克的质量分别为 $3\text{MeV}/c^2$ 和 $7\text{MeV}/c^2$。习惯上，人们常说电子的质量为 0.511MeV（略去"除以 c 平方"）。对上、下夸克和其他粒子也一样。

电子电荷值在 20 世纪初已被测定，约为 $1.602\times10^{-19}\text{C}$。电子电荷的测量自汤姆森始，但在物理学史上传为美谈的是美国物理学家密立根所发明的奇妙方法。他通过用电场阻止一颗带电油滴的坠落（因重力）来测量电子电荷。密立根因在测量电子电荷和光电效应方面的工作获 1923 年诺贝尔物理学奖。电子电荷是可自由存在和测量的最小电荷，称为**基本电荷**，其值用符号 e 表示。电荷是量子化的，即所有电荷都是基本电荷的整倍数。

上、下夸克都带电。以质子电荷为 +1（电子电荷为 -1），上夸克带电荷 +2/3，下夸克带电荷 -1/3。质子由 2 个上夸克和 1 个下夸克构成，故质子的电荷为 $+2/3+2/3-1/3=+1$。中子由 1 个上夸克和 2 个下夸克构成，故中子的电荷为 $+2/3-1/3-1/3=0$。夸克所带电荷是基本电荷的 1/3，但它们永远处于组合状态，且组合值恒为基本电荷的倍数包括零。

盖尔曼和茨威格的夸克模型很快被扩展。为了解释一些实验观察到的现象，物理学家在奇夸克之外又提出了**粲夸克**。1974 年 11 月由里希特领导的 SLAC 和由丁肇中领导的布鲁克海文国家实验室团队独立但以不同的方式发现了粲夸克。两个团队还在发布结果前互相沟通，最后将结果同时发表在同一期刊的同一期上。这被视为科学研究中既激烈竞争又不争抢名誉的典范。这一发现后被称为"十一月革命"。两位物理学家因这一贡献被授予 1976 年诺贝尔物理学奖。到 20 世纪 70 年代中后期，夸克模型又进一步扩展,两个新的成员顶(t)夸克和底(b)夸克加入进来。1977年,费米实验室由莱德曼领导的一个团队发现了底夸克,而顶夸克约20年后才被发现。莱德曼是美国著名的实验物理学家,后面我们还会讲到他。

根据某种物理原因,6个夸克被配成了3对:上下为一对,粲奇为一对,顶底为一对:

$$\begin{pmatrix}u\\d\end{pmatrix} \quad \begin{pmatrix}c\\s\end{pmatrix} \quad \begin{pmatrix}t\\b\end{pmatrix}$$

每一对夸克称为一个夸克代。3个夸克代中的上成员u、c、t具有相同的电荷(+2/3),下成员具有相同的电荷(−1/3)。它们的质量则随代递增,后面将详细给出。

轻子

上面讲的都是夸克,还不见我们的主角中微子的踪影。不要着急。夸克构成了基本物质粒子的"半壁江山"。虽然本书后面只偶尔涉及夸克,也不可不对它们有所了解。现在让我们回到电子和中微子上来。事实上,包括电子在内的3个轻子代(见下述)的发现与3个夸克代的发现可以说是粒子物理中的二重奏——如果你不要求严格的复调对位的话。但下面只叙述主要的结果,后面各章再来细述其中故事。

电子作为基本粒子是与夸克完全不同的东西。它是原子的组分,也可以是"自由身"——自由电子。在放射性衰变发现后,经过长期的酝酿,1956年发现电子有一个伴侣:中微子。中微子从一个猜想(或假设)变为理论概念,最后被实验发现的过程经过了26年,第2章和第3章将讲述这个有趣的故事。所谓"伴侣",简单说来,就是电子与它的中微子总是以某种形式结伴出现,我们以后会看到这种情形。中微子与电子不同,它不带电荷,是电中性的。中微子有质量,但非常之小,我们今天仍不知道它的质量究竟是多少。至2019年9月的测量,与电子相关的中微子的质量不超过1.1eV。

在发现电子后差不多40年,1936年加州理工学院的安德森在用云室研究宇宙辐射时发现了一个"重版"电子,即一个看来与电子一模一样但质量大得多的粒子。这个粒子后被确认为一个新粒子,叫作缪(μ)。缪也和一个中微子结伴出现。与缪结伴的中微子不同于与电子结伴的中微子,它们各为独立的粒子,分别被称为**电子中微子**(v_e)和**缪中微子**(v_μ)。电子和缪及它们各自的中微子统称为**轻子**。我们有了两个轻子代:电子和电子中微子配成一代,缪和缪中微子配成一代。但这还没有完。1976年,美国物理学家佩尔和华裔物理学家蔡永苏(音)在SLAC发现了第三个轻子陶(τ)。陶也有一个中微子——**陶中微子**(v_τ)。陶中微子直到2000年7月才在费米实验室被捕获,是倒数第二个发现的基本粒子。缪与陶中微子和电子中微子一样,不带电荷,质量小得不知几何。这样,我们有如下3个轻子代:

$$\begin{pmatrix}v_e\\e\end{pmatrix}\quad\begin{pmatrix}v_\mu\\\mu\end{pmatrix}\quad\begin{pmatrix}v_\tau\\\tau\end{pmatrix}$$

自旋

除了电荷和质量这两种禀赋,所有粒子,不管是这里讲的基本粒子,还是由它构成的复合粒子如质子和中子,还有一种基本性质,叫作**自旋**。一个粒子的自旋表现为它具有一定的**角动量**。要测量一个粒子的自旋,你要先定义一个测量轴,然后测量粒子角动量在这个参考轴上的投影。以电子为例。对于任意的测量轴,电子角动量的投影恒为 $+\hbar/2$ 或 $-\hbar/2$,式中 $\hbar = h/(2\pi)$,h 是普朗克常量;这就是说,自旋的值恒为 $\hbar/2$,方向顺着或逆着投影轴。如果投影轴是垂直轴,测得角动量的投影为 $+\hbar/2$,我们说电子的自旋为上;测得角动量的投影为 $-\hbar/2$,我们说自旋为下。在同样的意义上,所有的轻子和夸克——中微子也不例外——都具有自旋 $\hbar/2$。一般我们略去 $\hbar$,说基本物质粒子具有自旋 1/2,反正我们知道那个 $\hbar$ 总在那里。

所有粒子的角动量都是**量子化**的,它只能取 $\hbar$ 的半整数倍(如 1/2, 3/2, 5/2, ⋯)或整数倍(如 0, 1, 2, 3, ⋯)。凡具有半整数自旋的粒子叫作**费米子**。基本物质粒子的自旋均为 1/2,它们都是费米子。凡具有整数自旋(如 0, 1, 2, 3, ⋯)的粒子叫作**玻色子**。自旋是粒子的固有性质,故称**内禀性质**。一个粒子的自旋是它的定义性质之一,永远保持不变。所有 12 个基本物质粒子都具有自旋 1/2,它们都是费米子。基本物质粒子也叫作**基本费米子**。

从经典物理的观点来看,自旋这种现象很难给予解释。你或许会把自旋想象为一个粒子绕其自身的轴旋转而产生角动量,好像一只微小的陀螺那样。可是基本物质粒子都被视为点粒子,即它们没有体积,故它们以任何有限速率绕其自身的轴旋转产生的角动量都等于零!但自旋确实具有角动量的物理效应。如果一个粒子绕一条轨道旋转,它的轨道角动量与自旋角动量具有可加性,例如一个轨道电子的总角动量等于它的轨道角动量与内禀角动量之和。一个多粒子系统的角动量等于其所有粒子的自旋角动量和它们互相绕着旋转的角动量之和。例如,一个原子核的角动量等于其内质子和中子各自的角动量加上它们互相绕着转的轨道角动量之和。(少数原子核不显示角动量,那是因为这些角动量恰好互相抵消了。)后来发现,自旋是一种相对论–量子力学现象。

基本费米子

现在我们把基本物质粒子和它们的性质(电荷、质量和自旋)列在表 1-1 中。除了中微子的质量打了问号,表示我们不知道,所有其余粒子的质量都随代的增高而增大。电子果然很轻,是除中微子外所有基本粒子中的最轻者。其余两个轻子,特别是陶,似乎名不副实——它们相当重。

表 1-1　基本费米子(自旋 1/2)

基本物质粒子	电荷	代 1(质量)	代 2(质量)	代 3(质量)	参与相互作用情况
夸克	$\binom{+2/3}{-1/3}$	$\binom{u(3MeV)}{d(7MeV)}$	$\binom{c(1.2GeV)}{s(120MeV)}$	$\binom{t(1.75GeV)}{b(4.2GeV)}$	参与全部相互作用
轻子	$\binom{0}{-1}$	$\binom{v_e(?)}{e(0.511MeV)}$	$\binom{v_\mu(?)}{\mu(106MeV)}$	$\binom{v_\tau(?)}{\tau(1.78GeV)}$	不参与强相互作用

上列所有粒子的反粒子,如 $\bar{u}$、$\bar{d}$、$\bar{v}_e$、$\bar{e}$ 等

注:$1MeV = 10^6 eV$,$1GeV = 10^9 eV$。

3 个夸克代和 3 个轻子代形式上似乎呈现一种对称性。它们包含的总共 12 个粒子——6 个夸克和 6 个轻子,就是我们今天所知的基本物质粒子。所有我们能够观察到的物质都是由这些粒子构成的。它们都是上面所说的点粒子,没有内部结构,是最简单——简单到无可再简单——的物质。当你拿起一样东西(比如网球)来观察,只要你的"显微镜"倍数足够大,你看到的每一颗网球都不一样。但所有的电子都一样,它们

都有一样的电荷、一样的质量和自旋，不一样的只有它们的运动状态（动量）。一个电子就是一个电子。所有其他基本物质粒子也一样。

可以看得出，在这 12 种粒子中最特别的是 3 种中微子。其余粒子都带电荷，唯有中微子不带电荷；其余粒子的质量都被精确测定，唯有这 3 个中微子的质量极其微小，甚至被认为没有质量。就是这两种性质使得中微子的行为迥异于其他粒子。请记住这一点。

这 12 种粒子被确认为基本物质粒子，但这并不意味着它们自身都是稳定的。由夸克构成的众多粒子中，只有第一代夸克构成的物质（质子和中子）是稳定的。在 3 个轻子代中，只有电子是稳定的。就我们所知，电子永不衰变。宇宙大爆炸后不久产生的氢原子至今犹存。但缪和陶是不稳定的。一般地说，较重的物质形式是不稳定的，较轻的物质形式比较稳定。这是受能量守恒制约的缘故：从较重到较轻的变换可自发发生，从较轻到较重的变换需要注入能量。电子的质量为 0.511MeV，缪和陶的质量各为 106MeV 和 1.78GeV，缪向第一代轻子衰变，陶向第一代和第二代轻子衰变（见后面缪衰变的例子）。

反粒子和湮灭

请注意表 1-1 最末一行内**反粒子**字样。这一行表示所有的基本费米子都有**反粒子**。例如电子的反粒子是**正电子**（或反电子），电子中微子的反粒子是**电子反中微子**，夸克的反粒子是反夸克等。反粒子的存在是一个基本物理事实。关于它的发现我们在适当的地方再说。反粒子的符号是在相应粒子的符号上加一杠。例如正电子（反电子）的符号是 $\bar{e}$（有时电子记为 e^-，正电子为 e^+），电子反中微子的符号为 $\bar{v}_e$。

反粒子与对应的粒子具有同样的质量，但有相反的电荷和自旋。例如一个电子的反粒子即与其对应的正电子具有电荷 +1；如果这个电子有自旋 +1/2，则正电子的自旋为 -1/2。因为这个缘故，表 1-1 中只列出"反粒子"而不另加说明。基本反费米子构成**反物质**。如反质子由两个上反夸克和一个下反夸克构成，具有电荷 -1。一个正电子和一个反质子构成反氢核。这些都已在实验中观察到。但制造反物质非常困难（见第 8 章）。

还有一个重要现象：物质粒子与其反粒子相遇时发生**湮灭**，在一束辐射中把它们的质量化为等价的（依照爱因斯坦质能转换公式 $E=mc^2$）辐射能。一个电子与一个正电子相遇时湮灭，化作一束光子（电磁）辐射。一个中子（由 1 个上夸克和 2 个下夸克组成）与一个反中子（由 1 个上反夸克和 2 个下反夸克组成）相遇时互相湮灭。

反粒子的稳定性与相应的粒子一样。比如正电子与电子一样稳定，只有在与电子相遇时湮灭。而反缪与缪一样不稳定，它们的寿命精确地相等。反中微子也像中微子一样，都很稳定。

4 种自然力

基本物质粒子构成物质，要靠力的作用。把两个红球一个黑球放在一起，它们不会成为一体，除非用什么东西——比如弹簧——把它们连接在一起。如果没有力的作用，2 个上夸克和 1 个下夸克也不能构成 1 个质子。基本物质粒子构成物质，全依靠在它们间连续作用的力。图 1-1 中的波纹线表示在夸克间作用的力。

在经典物理中，我们都知道**引力**（重力）和**电磁力**。力可用力场来描述。描述电磁力的**电磁场**表现为电力和磁力两个方面：一个静止电荷在场中受到吸力或斥力；一个运动电荷则受磁力的作用。当年汤姆森测量电子的荷质比就利用了磁场使运动电荷的轨迹弯曲的现象。力场的概念是法拉第引入的，目的是解释两个物体不彼此接触却可相互影响的**超距作用**。

在粒子物理中，描述物质通过力相互作用的理论叫作**量子场论**。在量子场论中，**场**是力的携带者。但场的概念不同于经典场。经典场，如引力场或电磁场，在空间和时间上都是连续和平滑的，力是由场（或场的力线）传递的。量子场是**量子化**（不连续）的，是一个个离散**场量子**的集合，粒子通过交换场量子——或者说以场量子为媒介——相互作用。就我们现在所知，自然界共有 4 种力，它们是**电磁力**、**强（核）力**、**弱（核）力**和**引力**。下面分别作简要的介绍。

电磁力

电磁力表现为带电粒子间的相互作用：**电磁相互作用**。一个原子的带正电的核和带负电的电子被它们间的电磁力束缚在一起。因为一个原子的净电荷为零，两个原子一般不会通过电磁力相互作用。但每个原子近处仍有残余的电磁力，原子正是依靠这种**残余**电磁力结合为分子。两个电子相遇时因电磁相互作用互相排斥。在**量子电动力学**（quantum electrodynamics，QED，电磁力的量子场论）中，电磁场的场量子是**光子**。光子具有零质量，故它永远以光速运动。光子的能量由普朗克公式给出：$\varepsilon = h\nu$。光子可具有任意动量（频率）。光子具有自旋 1，故属**玻色子**。电荷是与电磁力对应的**荷**，就是说，凡带有电荷的粒子受电磁力的影响。电子带有电荷，故以光子为媒介参与电磁相互作用。例如，两个电子间的斥力可理解为它们彼此"抛掷"光子的结果。让我们看一种最简单的情形。

设一个电子从左侧到来,同时另一个电子从右侧到来。左侧电子向右侧电子"抛出"(发射)一个光子,这个光子被后者所吸收。前者因发射光子受到一个"后坐力"而后退,后者因吸收这个光子也向后退,这使两者都感受到斥力:互相拒斥。当然,把上面的"左"和"右"交换一下也一样。这好像两个人互相抛球和接球的情形。

我们可用图 1-2 来表示上面的情形。图中,笛卡儿坐标的纵轴表示时间,横轴表示空间——我们用一维空间来代替实际的三维空间;直线条表示电子 e^- 的行进路径,其上箭头表示电子的行进方向;连接两个电子的波纹线表示两者通过交换一个电磁场量子(光子)γ 相互作用。波纹线上没有标示箭头,因为如上所述,两个电子中任何一个都可发射或吸收光子。这样的图是 QED 的泰斗级人物费曼发明的[1],故叫作**费曼图**(费曼图有一些规则,但我们就不那么严格了,就把这种图当作表示粒子相互作用的示意图好了)。我们以后还要使用这种图,但一般不再画出时间-空间坐标,反正你知道它们就在那里。

如果在经典物理中用力场来解释超距作用还有点勉强的话,用光子交换描述电磁相互作用的 QED 就彻底摆脱了超距作用,回到了**因果律**。

---

[1] 理查德·费曼(Richard Feynman, 1918—1988),美国理论物理学家,因其对量子电动力学的贡献与施温格和朝永振一郎共享 1965 年诺贝尔物理学奖,对量子色动力学也有重要贡献。费曼的量子电动力学以其物理和数学的巧妙结合、易于理解和便于应用著称,他本人也以深入浅出地阐明量子场论著称。费曼图是量子场论的通用工具。三卷的《费曼物理讲义》迄今仍是受欢迎的大学物理教程。费曼也是一位著名的科普作家。费曼机智诙谐的性格颇受同行的称道。James Gleick 的《理查德·费曼的生活和科学》(*The Life and Science of Richard Feynman*)被认为是费曼的最佳传记。

第 1 章　中微子和粒子世界

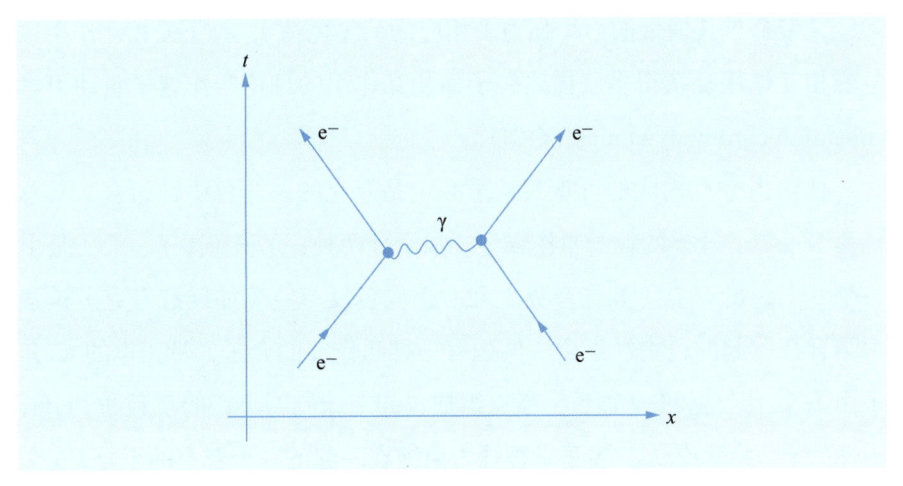

图 1-2　两个电子通过交换一个光子相互作用

强力

强力是束缚夸克构成物质的力。强力束缚上、下夸克构成质子和中子。与强力相应的荷叫作**强荷**或**色荷**，就是说，凡带有色荷的粒子响应强力，参与**强相互作用**。色荷有红、绿、蓝三种。夸克带色荷，每个夸克带有 +1 单位的色荷，它的反粒子——反夸克带有 −1 单位的同色色荷。+1 单位的色荷与 −1 单位的相同色荷加在一起是**色中性**的。更有趣的是，一个红色荷、一个绿色荷和一个蓝色荷加在一起也是色中性的，3 个不同的反色荷加在一起也是色中性的。这好像三基色加在一起形成白色一般——这其实就是它们被叫作色荷的缘故。与光子携带电磁力相似，强力由相应的场量子携带。强力场的场量子叫作**胶子**。胶子有 8 种之多，它们都与光子一样没有质量，但与光子自身不带与其携带的力相应的荷（电荷）不同，胶子自身带有与其携带的力相应的荷——色荷。胶子均为自旋为 1 的玻色子。胶子的存在于 1979 年被证实。因为胶子种类

17

多，又带有与其携带的力（强力）相应的荷（色荷），粒子强相互作用比电磁相互作用复杂得多。描述粒子强相互作用的理论叫作**量子色动力学**（quantum chromodynamics，QCD）。

任何由夸克构成的可观察粒子必定是夸克的一个色中性组合，其总色荷等于零。这样的粒子叫作**强子**。强子分两种：**介子和重子**。介子是由一个一定色的夸克（如红夸克）和一个同色反夸克（如反红夸克）被强力结合在一起的色中性组合。例如有一种叫作 π 的介子，带正电的 $π^+$ 介子由一个上夸克和一个下反夸克组成（$u\bar{d}$），$π^-$ 也即 $π^+$ 的反粒子为 $d\bar{u}$，中性的 $π^0$ 为 $u\bar{u}$ 或 $d\bar{d}$。**重子**是被强力束缚在一起的 3 个夸克的组合，3 个夸克各包含色荷的 3 种可能色中的一种。故重子是色中性的。最稳定的重子是夸克的 uud 和 udd 组合，它们就是质子和中子。如上所说，所有介子和重子的电荷都是 e/3 的组合，但其电荷恒为基本电荷 e 的倍数，包括零，质子、中子和上述 3 种 π 介子便是例子。

夸克构成我们在宇宙射线和粒子加速器中观察到的众多的介子和重子，但除第一代（上、下）夸克构成的质子和中子，其余的都不稳定，即在自然力的作用下衰变或分解为较稳定的成分。质子最为稳定，中子相对稳定。一个自由中子的平均寿命约为 11min，衰变为一个质子、一个电子和一个中微子。质子从不衰变。虽然有些理论说它会衰变，预料其平均寿命为 10^{30} 年，但迄今没有实验证据支持质子衰变（见第 3 章）。

强力很强，特别是由于胶子（强力的场量子）自身带色荷，它们相互作用。两个带色荷的粒子（夸克）的力场具有反直觉的性质：强相互作用随距离增大而增强。如果用力把一个介子的两个夸克（一个夸克和一个反夸克）分离，两者间的力迅速增大，在它们的距离大于一个阈值（约 10^{-15}m）的瞬时，会突然发现原来的介子变成了 2 个，由总共 4 个夸克构成，产生新的夸克-反夸克对的能量来自为拉开原来的两个夸克所做的功。由于这种性质，实际上不可能在分离状态下观察夸克。

质子和中子本身不带色荷，是强力中性的。对于一个具有多于一个质子的原子核，质子间具有电磁斥力，是什么力克服电磁斥力把核子（质子和中子）束缚在一起构成原子核呢？是核子内强力在核子间残存的力的作用。这与上面讲的残余电磁力把中性原子结合为分子类似。现代核爆炸和核动力依靠铀-235和钚这类核子组态处于稳定边缘的物质，用较小的激励诱发其裂变，释放出强残力的巨大能量。

弱力

弱力的性质在所有已知自然力中最为丰富和复杂，因而也最能引起物理学家的兴趣。弱力最普通的效应表现于原子核的**放射性衰变**。放射性衰变是不稳定原子核自发地转变为较稳定的核的过程。我们的主角中微子就是在放射性衰变中现身的，这将在第2章讨论。但弱力还在自然界中扮演着更深层的和更隐秘的角色，科学家正在为揭开其层层面纱而努力。

轻子参与弱相互作用。如上所述，在弱相互作用中3个轻子代均以固定的搭档出现，即电子恒与电子中微子搭档，缪恒与缪中微子搭档，陶恒与陶中微子搭档。搭档的意思是说，同一代轻子的上、下成员可在弱相互作用中互相变换或同时出现。这一点正是将它们分成三个代的原因。代成员的内在关系将在适当的地方再述。

媒介弱力的场量子共有3种，分别是W^+、W^-和Z^0。W^+带$+1$电荷，W^-带-1电荷，Z^0是电中性的。它们符号的上标表示它们的这种性质。它们都是自旋为1的玻色子。这与光子和胶子相同，但与光子和胶子都无质量不同，弱力玻色子都有质量，而且非常之重。它们的质能达100GeV（千亿电子伏）的量级，几乎是质子质能（约938MeV）的百倍。

下面将看到，这正是弱力之弱的原因。与弱力相应的荷叫作**弱同位旋**或**弱荷**。轻子代的成员具有弱荷，故可通过 W 和 Z 玻色子的媒介参与弱相互作用。和胶子带有色荷类似，W 和 Z 玻色子自身也具有与其携带的力（弱力）相应的荷（弱荷）。

夸克具有弱荷，故也参与弱相互作用。在弱相互作用中，一般是一个夸克代的两个成员互相变换，但也有代间混合的情形。所以夸克参与所有（电磁、强和弱）相互作用。轻子参与电磁和弱相互作用，但不参与强相互作用。

弱力不像强力那样捆绑夸克组成复合粒子，相反它促使不稳定的粒子衰变或分解，例如放射性衰变和缪衰变（见下文）。这么说来，如果强力是建设性的，弱力就是破坏性的了。其实不然，因为弱力将不稳定的粒子态变为更稳定的粒子态。

基本玻色子

综上所述，媒介电磁力、强力和弱力的场量子共有光子、胶子（8 种）、W^+、W^- 和 Z^0。它们都是玻色子，统称为**基本玻色子**。我们将基本玻色子列在表 1-2 中。

表 1-2　基本玻色子

相互作用	玻色子	质量/GeV	自旋
电磁	光子（γ）	0	1
强核	胶子（g，8 种）	0	1
弱核	W^+ 和 W^-	80.42	1
	Z^0	91.19	1
希格斯场	希格斯玻色子（H）	125	0

注：表中质量以等价能量表示。

基本玻色子有反粒子吗？光子不带电荷，它的反粒子就是它自身。W^+ 和 W^- 互为反粒子，Z^0 是电中性的，它的反粒子也即其自身。或者，基本玻色子没有反粒子。无论对于基本费米子或其反粒子，媒介相互作用的都是这些玻色子。

表 1-2 中有**希格斯场和希格斯玻色子**一项，我们将在第 6 章讨论。

引力

引力在经典力学中最先出现，它先被牛顿**引力定律**所描述，后在爱因斯坦广义相对论中被更精确地描述为**时空弯曲**。我们知道引力是长程的，是它使宇宙的物质簇聚，形成星系、星系团。简而言之，它确定了宇宙的大尺度时空结构。但迄今仍无原子和亚原子尺度上引力的微观结构的描述，或即引力的量子场论。当然，致力于构建这样一种理论的学者大有人在，但迄今仍无一种完全自洽的引力量子场论。不过理论家的共识是，如果有一个引力的量子场论，它的场量子——**引力子**——应无质量并具有自旋 2。引力未列出在表 1-2 中。

强和弱

下面比较一下各种自然力的强弱。上面说过，强力非常强，我们似乎永远不能把两个夸克分开。将质子和中子约束在原子核内的强力的残力的释放就足以产生核弹的骇人力量，实际上那只不过是强核力的冰山一角。电磁力比较强，强到带电物体的宏观电磁效应可被我们觉察，在日常生活中比比皆是。弱力完全不同于其余两种力。这完全是因为弱力的 W 和 Z 玻色子都很重（达 100GeV 的量级）。电磁力的场量子光子无质量，可具有任意小的能量或动量，故依照量子力学中波粒二象性的概念，可具有任意长的波长，即任意大的作用范围。在此意义上，电磁力是长程的——尽管它随距离平方而减弱。强力的作用范围约为 10^{-15}m，与质子半径大略相当；通过强力衰变的粒子的寿命约为 10^{-23}s。弱力的作用半径在 10^{-18}m 的量级，这意味着一个物体要在 10^{-18}m 的范围内才会感应弱力。故弱力是短程的；通过弱力衰变的粒子有约 10^{-12}s 的寿命。

本书后面的故事不涉及强力，但涉及弱力和弱相互作用。让我们来看一个弱过程的具体例子：缪衰变。

一个缪通过弱相互作用衰变为一个电子、一个缪中微子和一个反电子中微子：

$$\mu^- \to e^- + \nu_\mu + \bar{\nu}_e$$

在粒子加速器实验中仔细观察这个过程，可以看到这个过程分为两步：第一步是一个到来的缪变为一个 W^- 玻色子和一个缪中微子，$\mu^- \to W^- + \nu_\mu$；第二步，W^- 玻色子变为一个电子和一个电子反中微子，$W^- \to e^- + \bar{\nu}_e$。图 1-3 表示这一过程（实线表示物质费米子的路径，其上箭头表示行进方向；力场玻色子的路径用波纹线表示）。在第一步和第二步中都可以看到轻子代两个成员结伴的现象。在第一步中第二代轻子的两个成员 μ 和 ν_μ 互相变换，在第二步中第一代轻子的两个成员 e^- 和 $\bar{\nu}_e$ 同时出现。整个衰变过程约需 2×10^{-12}s。与电磁和强相互作用比较起来，这个时间很长。作用时间长是弱相互作用弱的表现。

聪明的读者可能已经发觉，缪的质能为 106MeV，W^- 玻色子的质量为 80.4GeV，缪怎么能产生一个质量比它大差不多千倍的 W^- 玻色子呢？这额外的能量从哪里来？这是一个好问题。事实上，除了力场，粒子相

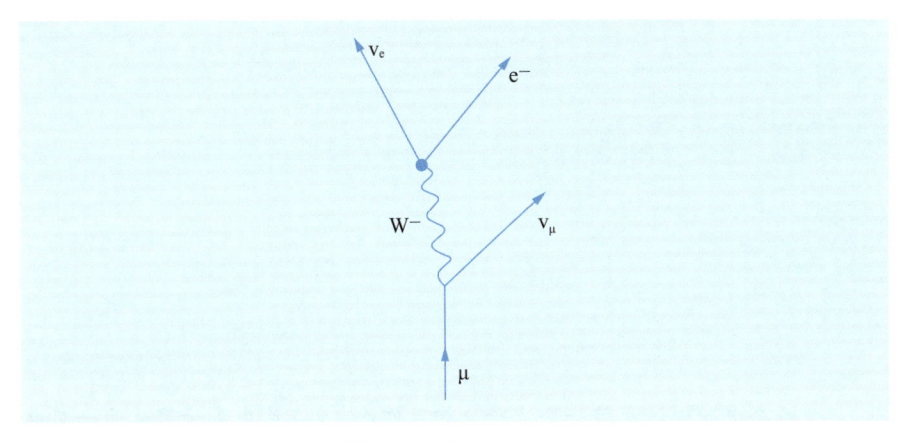

图 1-3　缪衰变过程

互作用中还有一个重要角色：真空。

真空不空：量子涨落

粒子的相互作用都在真空里进行。但真空本身并不只是作为背景这么一个消极角色，而是一个积极参与者。这是因为，在量子力学的世界中，真空不是什么都没有的**虚空**或**无**，如我们通常所想象的那样。相反，真空是个热闹喧嚣的所在。真空里无时无刻不充满着**量子涨落**。量子涨落是指空间一点上能量短暂的随机变化，基本粒子场（物质场如电子和缪，力场包括携带电磁力的光子场，携带弱力的 W 和 Z 场，携带强力的胶子场）中任一点上的值可发生短暂的随机涨落。空间一点上的一个光子可瞬间变为一对粒子和反粒子，它们迅即互相湮灭，变回一个光子。再看两个电子相斥的例子，它们交换的光子在半途量子涨落为一个电子 – 正电子对，它们互相湮灭变回一个光子（图 1-4），相互作用路径中包含一

中微子：物理学中的不可承受之轻

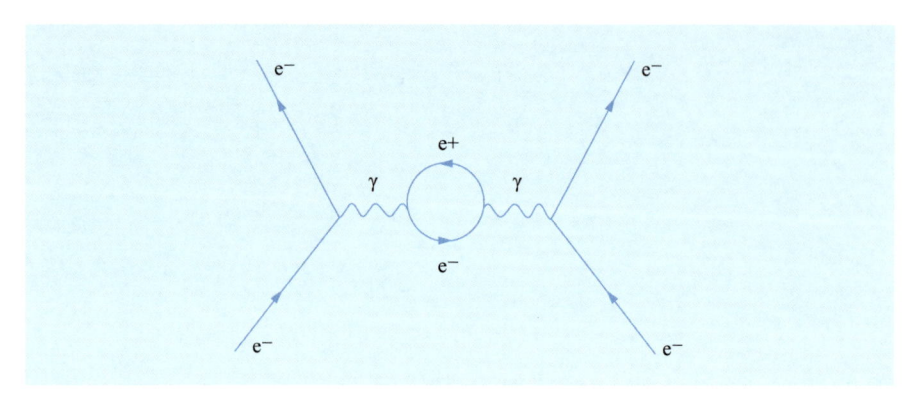

图 1-4　两个电子通过交换一个光子 γ 相互作用，γ 在途中量子涨落为一对电子 – 正电子，两者互相湮灭变回一个光子

个"环"。这是两个电子相互作用的一种可能情形。[①] 这种现象似乎违反能量守恒。确实，在这种量子涨落中，光子的能量并不足以产生这个粒子 – 反粒子对。产生这对粒子的能量从何而来？解释这种现象的量子力学定律叫作（海森伯）**不确定性原理**。[②]

不确定性原理最常见的表达是**位置 – 动量不确定性原理**。这条原理说：我们不能同时以任何精度测量一个粒子的位置和动量。也就是说，我

[①] 事实上，这是两个电子相互作用的最简单的可能情形之一。因为真空量子涨落可随时随地随机地发生，两个电子可以无穷多种形式（包含许多环）相互作用，唯越简单的形式发生的概率越大，在 QED 计算中一般考虑若干种概率较大的情形可足以精确地描述电磁相互作用。

[②] 维纳·海森伯（Werner Heisenberg，1901—1976），德国物理学家，量子力学的主要开创者之一，1925 年创立的矩阵力学与同时代奥地利物理学家埃尔温·薛定谔（Erwin Schrodinger，1887—1961）创立的波动力学是两种等价的量子力学形式，因此获 1932 年诺贝尔物理学奖。但后来波动力学被广泛接受，成为量子力学的主要形式，直至今日。1927 年在哥本哈根与玻尔合作期间，海森伯发表"测不准原理"即今天所称不确定性原理。海森伯在原子核和宇宙射线等方面也有重要贡献。他是"二战"期间和战后德国核和粒子物理的领导人，政治上是个有争议的人物。

们对一个粒子的位置的认识越精确，对其动量的认识就越粗略，反之亦然。如果我们精确知道一个粒子的位置，我们对它的动量便一无所知，反之亦然。这是不是因为我们今天的测量技术不够高超，等有朝一日我们的测量技术有了足够的提高，我们就能够同时精确测量位置和动量呢？不是的。我们永远无法做到这一点。这是粒子的波动性决定的。

这条原理的另一常用形式是**时间 – 能量不确定性原理**：时间越短能量不确定性越大。更直白地说，在短时间内一个粒子的能量有很大的不确定性。也可以这样来理解：如果你测量一个粒子的能量，你能够观察它的时间越短，它的能量不确定性越大。量子涨落是时间 – 能量不确定性原理的体现。例如，上面说的一个光子涨落为一对电子 – 正电子，在其存在的短暂时间中，粒子 – 反粒子对可有任意能量，只要它们存在的时间相应地短，而在此时间中，光子和虚粒子对仍可保持能量守恒。这真的有点不可思议，自然永远超乎我们的想象，它似乎发明了时间 – 能量不确定性这么一种方法来规避能量守恒！

现在回头看上面的缪衰变过程。上面说，一个缪变为一个 W^- 玻色子和一个缪中微子。缪的质能为 106MeV，而 W^- 玻色子的质能接近 100GeV，缪如何能够产生一个比它自身几乎重 1000 倍的 W^- 玻色子？它只能依靠量子涨落。因为产生像 W^- 玻色子那样大质能粒子的量子涨落的概率很小，平均需要等待较长的时间。这使得缪衰变较慢，整个过程约需 2×10^{-12}s。而过程的第二步 $W^- \to e^- + \bar{v}_e$ 只需 10^{-25}s。在今天最强大的加速器实验中可以观察到这个只存在 10^{-25}s 的 W^- 玻色子走过极短的距离，变为一个电子和一个电中微子。这意味着量子涨落持续（W^- 存在）的时间就这么短，而在此时间内能量不确定性至少达到 W^- 玻色子的质能，依照爱因斯坦质能公式为 $E=mc^2$。

事实上,弱相互作用常要依靠量子涨落才成为可能。这是因为通常的低能环境不足以提供产生这些大质量玻色子所需的能量,弱相互作用依靠量子涨落来产生 W⁻ 或 Z 玻色子。但这种时间极短和能量不确定性很大的涨落过程不大可能发生,属于"稀有事件",结果费米子间的弱相互作用也就成了"稀有过程"。

不确定性原理是量子力学的一条基本定律。如何理解这条定律也是自然哲学的一个重大问题。自然限制了我们获得信息的能力,这是否意味着对于我们认识自然的一种根本限制?这是一个见仁见智的问题,但你确实无法突破不确定性原理,就像你不能揪着自己的头发把自己提起来一样。

我们不能直接观察真空量子涨落,因为任何的实验介入都将破坏这种现象。故涨落产生的粒子和反粒子叫作**虚粒子**。但量子涨落可造成可观察的宏观物理效应。

由于量子涨落,真空中能量足够高的两束光可相互作用,产生物质粒子如电子或正电子。这种从**光召唤物质**的现象已在实验中观察到。量子涨落的另一种可观察的宏观现象是**卡西米尔效应**。真空中两块互相靠近的不带电导体板,依照经典物理其间没有场,板不受力。但在板间距离很小时(几纳米),量子涨落产生的虚粒子在板间形成场,产生作用于板的净力,是吸力还是斥力有赖于板的形状和位置。在板间距离为10nm——约为氢原子直径的百倍时,这种**卡西米尔力**达到相当于一个大气压的值。荷兰物理学家卡西米尔早在1948年就预测这种效应,差不多50年后才得到定量验证。2020年7月《自然》报道了麻省理工学院（MIT）一个惊人的实验结果。实验者测量到他们的**激光干涉仪重力波观测站（LIGO）**的激光中的量子噪声（涨落）可使重40kg的镜子摇动10^{-20}m（氢原子直径的$1/10^{10}$）。这项成果被 *Physics World*（英国物理学会的一种刊物）评为2020年度十大突破之一。还有理论说，创世不需要上帝，真空涨落足以产生宇宙大爆炸。

讨论

按照今天粒子物理学的理解，基本费米子都是**点粒子**，就是说，它们没有空间延展和内部结构。简而言之，它们是不可分的。有的哲学家依照其哲学信念，断言物质是无穷可分的。他们相信这些基本物质费米子仍是可分的，只不过今天的技术还做不到罢了。有的物理学家也会告诉你，我们视电子为点粒子，就像在深空里看地球是一个点，其实地球的结构丰富复杂得很，地球上还有我们——智慧生物呢。有的物理学家怀疑25个基本粒子（12个基本费米子加13个基本玻色子）是不是太多了，离德谟克利特的原子远得很，何况你也不能解释基本粒子为何正好这么多。的确，有些理论家正在构建宏大的统一理论，试图把所有的粒子都归于一种粒子。还有物理学家考虑种种理由，认为代结构或许还要扩充。确实，没有定律说这些基本粒子不可再分，说我们不能最终得到德谟克利特原子，或基本粒子就是这些。但物理学家不能依照信念作出判断，任何判断和理论预测最终必须以观察和实验来裁决。事实上，我们从未观察到电子衰变，也没有发现它有任何结构的端倪。今天的粒子加速器以小于10^{-18}m的波长（质子半径的1‰）的能量等级探测原子核，但夸克仍"岿然不动"，没有任何被击碎的迹象。夸克显然比这还要小。

相反，在如今的粒子加速器实验中，已知的这些基本费米子却很容易产生种种新的复合粒子。所以我们可以放心地说，这些基本费米子就是构成一切物质的基本粒子。

在结束本章时，本书的主角——中微子正式出场前给予笼而统之的介绍。

- 中微子是基本物质粒子之一，它们是电中性的，具有自旋 1/2。
- 中微子具有非零质量，但非常之轻。迄今所知，它们的质量还不及电子（其他基本费米子中最轻者）的百万分之一。我们仍无法精确测量它们的质量。我们也不知道，它们为什么这么轻——为什么比其他基本费米子轻这么多。
- 因为非常轻，中微子永远以接近光速运动。2012 年前后的测量仍不能分辨它们的速度与光速的差别。
- 中微子是物质世界中数量最多的粒子。尽管这么轻，据估计其总质量等于宇宙中所有恒星的质量之和。我们沐浴在来自宇宙射线、太阳和宇宙的中微子的海洋中。每秒钟少说有数十亿中微子穿过身体，不但从头到脚也从脚到头，因为中微子从头顶的大气到来，也不受阻碍地穿过地球从脚下到来。
- 中微子很稳定，不愿与物质发生作用。诙谐的说法是：中微子很"害羞"。一束中微子可穿越整个地球。那么多中微子穿过我们的身体我们不知不觉，对我们的身体完全无害。这也意味着中微子极难检测。
- 中微子的两个根本性质是轻和电中性。就是这两个看似简单的根本性质引起中微子的诡异特性和行为。人们叫它们精灵粒子、神秘粒子、诡异粒子、顽皮粒子、可爱粒子、……，随你喜欢。中微子的这些特性和表现仍是未解或未完全解之谜。这些谜极大地激发了物理学家的兴趣，因为其中可能掩藏着新物理学的线索，揭开它们或可使物理学跨越一道门槛，进入新的境界。

下面你将看到的就是探索中微子的故事。非常特别的是，开创中微子研究的几位物理学家碰巧有一些非常特别的人生故事，好像与这种精灵粒子匹配一般。所以我们也将在讲述中微子的同时稍稍夹叙他们的故事。

第 2 章

中微子：从猜想到理论

从这一章开始，我们讲中微子的故事。这一章讲中微子概念的诞生。中微子的发现过程与其他粒子不同，有些特别。在早期发现的粒子中，有的是积多位科学家对一种物理现象数十年相继研究的结果，比如电子。有的是在实验中"碰到了"先前未知的粒子，经鉴别发现了新粒子，如安德森在研究宇宙辐射中发现正电子（虽然早一年已有正电子存在的理论预测，但安德森并不是有意寻找正电子）；他后来又在宇宙射线中发现了缪，开始还被人们错以为是另一个期待中的粒子（见第 4 章）。后来，随着理论物理的形成和发展，新粒子的发现常常是一个理论预测和实验相结合的过程——理论家作出某个粒子存在的预测，实验家用实验特别是加速器实验予以验证，当然也不排除不期而遇的情形。中微子的发现过程与这些都不相同，可以说是物理学史上一个传奇。要讲这个故事，我们先要回顾放射性衰变。

放射性衰变

1896 年，法国物理学家贝克勒尔发现放射性。贝克勒尔研究磷光物质，他用黑纸包裹感光胶片，置于磷光盐中，看胶片是否曝光，结果发现磷光不能穿透黑纸使胶片曝光。但功夫不负有心人，他意外地发现放在一只盛有铀盐的抽屉里的胶片曝了光。循此现象和进一步的实验，他认识到这是由于铀盐发出某种形式的辐射，这种辐射是铀元素的固有属性。贝克勒尔的发现引起了许多科学家的兴趣，其中最杰出的要数居里夫妇（玛丽·居里和皮埃尔·居里）。这两位科学家的故事早为我国读者所熟悉。皮埃尔在巴黎成长，在巴黎大学学物理，毕业后成为一名物理教员。在此期间，他与他兄弟共同发现了**压电效应**。后来在攻读博士学位期间，他发现磁性材料的磁性质随温度而变，每一种磁性材料都存在一个温度阈值，温度超过这个阈值时磁性消失。如今这个温度叫作**居里点**。玛丽出生于波兰一个教师家庭。青少年时期生活在俄国占领当局统治下，具有强烈的爱国思想。24岁那年她移居巴黎并进入巴黎大学。她与皮埃尔都师从贝克勒尔，在老师的实验室一起工作。两人不但成为亲密合作者，也彼此产生了感情并终成眷属。他们的共同志趣和美满牢固的婚姻在科学家中传为佳话。

居里夫妇共同研究**放射性**——事实上这个词是他们创造的。他们相信放射性不限于铀，并寻找其他具有放射性的元素。经实验研究，1898年他们在矿物沥青油中发现了两种前所未知的元素，它们具有比铀更强的放射性。他们命名其中一种为钋以纪念玛丽的祖国波兰，另一种为镭。镭释放出的热多到烫手的程度。他们的发现表明，自然界有些元素可以在没有外部刺激的情形下自发地以辐射形式释出能量，这种过程叫作**放射性衰变**。

不幸的是，这些放射性研究的先驱者不知道，暴露于这种被玛丽本人形容为"童话般光芒"的美丽辐射对人体有致命危害。她在67岁那年死于再生障碍性贫血症，或许与长期暴露于放射性辐射有关。2020年11

月 10 日，诺贝尔奖官方发表的一条公告称，居里夫人在 1899—1902 年在实验中使用的笔记本至今仍具放射性，且还将持续 1500 年。（图 2-1，图 2-2）

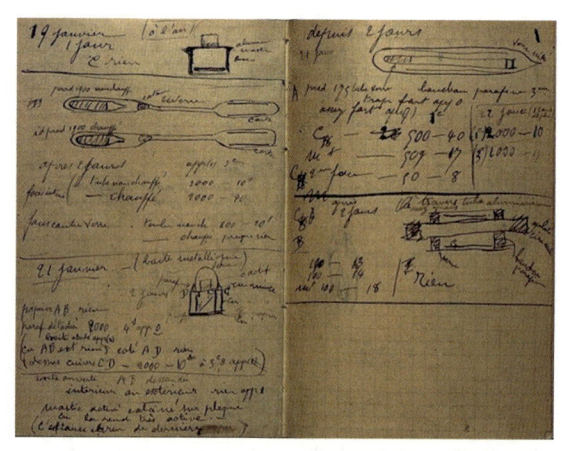

图 2-1 居里夫人 1903 年诺贝尔奖获奖肖像

图 2-2 居里夫人 1899—1902 年使用的实验笔记本

1899 年，在加拿大麦吉尔大学，新西兰物理学家卢瑟福在放射性射线的研究上取得了重要进展。他用简单和聪明的实验研究贝克勒尔的"铀射线"。他用铝箔包裹铀，通过使用不同厚度的铝箔和逐渐增加铝箔层数的方法来考察放射性辐射的性质。结果他鉴别出两种不同的辐射。一种不能穿过哪怕单单一层薄铝箔，他叫它阿尔法（α）；另一种能穿透数毫米厚的铝箔，他叫它贝塔（β）。

卢瑟福（1871—1937）是一位科学奇才，有"核物理之父"之称，不列颠百科全书称他是法拉第后世界上最伟大的实验家应非虚言。

卢瑟福出生于新西兰偏远地区一户"种一点儿亚麻，生一大堆孩子"的英国移民的农家。他在十二个孩子中排行第四，靠奖学金在新西兰大学获得文学学士、文学硕士和科学士后,做了两年研究,曾试验一种无线电接收机。1851年他获得一笔奖学金,来到英国剑桥大学卡文迪什实验室做博士后,师从汤姆森,继续研究无线电,曾短时保持无线电信号检测距离的世界纪录,但不久即被其时已在英国的意大利发明家马可尼[①]超越。1898年卢瑟福在汤姆森举荐下任加拿大麦吉尔大学物理教授,就是在那里他获得发现α和β射线的成果。这件工作使他因"对元素分解和放射性物质化学的研究"获得1908年诺贝尔化学奖。这是加拿大获得的第一个诺贝尔奖,而卢瑟福是第一个获诺贝尔奖的大洋洲人。但卢瑟福最重大的贡献还在获诺贝尔奖之后。经过差不多十年的研究,他最终在1920年发现质子(此时他在英国曼彻斯特大学),并且用行星模型取代了他老师的李子布丁模型(见第1章)。

1900年,法国物理学家维拉德在研究镭的放射性时发现了一种穿透性更强的辐射。卢瑟福按穿透性的强弱将其命名为伽马(γ)——α、β、γ射线的穿透性依次增高。

同年,居里夫妇和贝克勒尔通过观察β(射线)粒子在磁场中的行为(J.J.汤姆森当年研究阴极射线的方法)测量这种粒子的荷质比(e/m),发现它与电子相同,由此确认β粒子实际上就是电子。

卢瑟福及其学生索特观察到,偏转α射线需要比偏转β射线强得多的磁场,且偏转方向相反,由此确定α射线由带正电的较重的粒子构成。

[①] 伽利尔摩·马可尼(Guglielmo Marconi,1874—1937),意大利发明家,无线电传输和无线电报的先驱,被尊为无线电发明者,因发展无线电报的贡献与德国发明家卡尔·费迪南德·布劳恩(Karl Ferdinand Braun)共享1909年诺贝尔物理学奖。

他们进一步发现，α粒子是紧紧束缚在一起的两个质子和两个中子构成的复合粒子。换言之，α粒子与氦原子核相同（氦是周期表中第二轻的元素，仅次于氢）。他们证实，当不稳定的重元素如铀释放出一个α粒子时，它变为一个较轻的元素。还是卢瑟福，发现γ射线不被磁场偏转，由此证明它不带电荷，是与α和β不同的射线。直到1914年，γ射线才被确认是一种电磁辐射。卢瑟福及其同事测量了镭发射的γ射线的波长，发现它是一种类似X射线的电磁辐射，但波长更短（频率更高），能量更高。图2-3是这些射线的示意图（右下角小图表示β衰变——见下文）。

α衰变仅发生于较重（原子数52及以上）的元素；一个不稳定的重元素如铀的原子释放出一个γ粒子时变为一个较轻的元素。一个不稳定的元素同位素的原子核通过自发发射一个电子变到一个较稳定的核位形（较稳定的质子–中子数比）。γ衰变常以α或β衰变为前奏。卢瑟福还首先用**半衰期**来衡量放射性材料的衰变速率。半衰期是一定量的放射性物质衰变一半所需的时间。

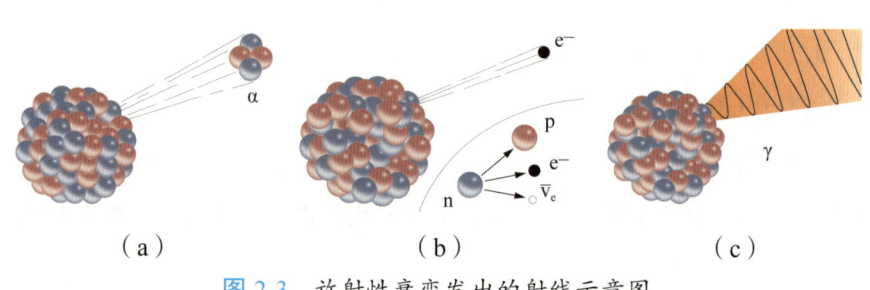

（a） （b） （c）

图2-3 放射性衰变发出的射线示意图
（a）α射线；（b）β射线；（c）γ射线

β 衰变中的能量缺失

放射性衰变遵守能量守恒原理。这意味着放射性衰变前后的总能量（包括粒子质量所对应的能量）相等。在放射性衰变过程中，锁在原来核内的一部分能量以 α、β 或 γ 射线的形式释放，使核变到一个新的位形。能量守恒意味着最终产物的总能量必等于初始能量，即衰变产物包括新核和发射的粒子的能量之和应等于原核的能量。

在 α 和 γ 衰变的情形下，物理学家没有在验证能量平衡上遇到什么困难。但对 β 衰变情形有些异样。那时的物理学家发现，一个漂浮在自由空间的中子经 β 衰变变为一个质子，同时发射一个电子：$n^0 \to p^+ + e^-$（式中中子 n、质子 p 和电子 e 的上标表示它们所带电荷，我们看到电荷是平衡的）。但诡异的是，1911 年梅特纳尔等和 1913 年丹尼兹等的测量发现，β 衰变中发射的电子——β 粒子——的能量不总是一样，时小时大。1914 年查德威克实验室的进一步测量表明，β 粒子的能量可在一个连续的能量范围内变化，但不超过一个最大值。如果 β 衰变服从能量守恒，β 粒子应恒以这个最大值发射。那么当其能量小于此值时如何解释能量守恒呢？

看看 β 衰变的能谱可让我们更清楚地理解这个问题。假设你观察某种放射性材料的 β 衰变，你测量了比方说 1 万次衰变中 β 粒子的能量。利用这些数据，你可以画出一条 β 粒子能量与对应的事件数的曲线，这条曲线就是这种特定材料的 β 衰变能谱。图 2-4 是 β 衰变能谱一例。我们看到 β 粒子的能量可在 $0 \sim E_{max}$ 的范围内变化，但不超过最大值 E_{max}。那么当 β 粒子的能量取某个中间值时缺失的能量到哪里去了？

β 衰变的能量平衡问题极为重要，因为它牵涉到物理学的根本原

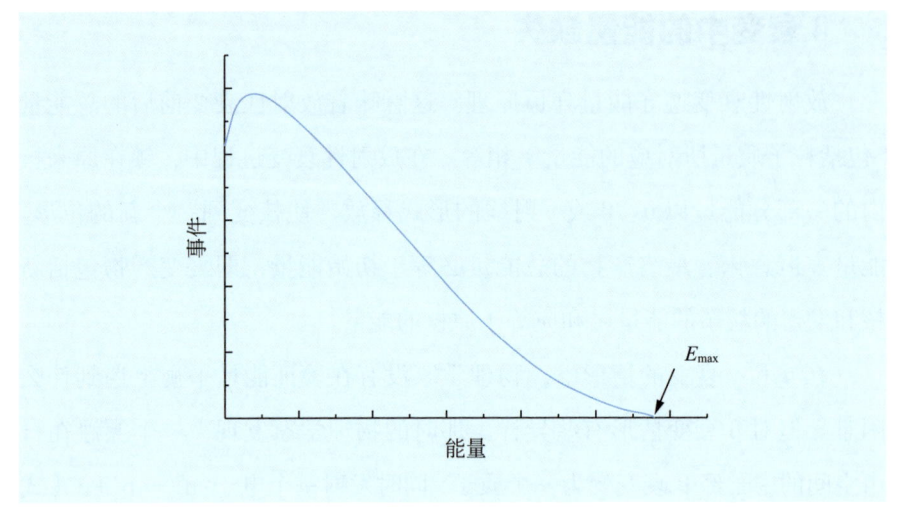

图 2-4　β 衰变能谱

理——能量守恒。可是这个问题长期悬而未决，几乎酿成物理学上的一次危机。时至 1930 年，丹麦物理学家玻尔[①]提出，能量守恒或许不严格适用于亚原子领域，它只在某种统计意义上成立，而在每一个别情形下能量不守恒。玻尔是原子理论的先驱，以其原子模型闻名，那时已是新兴量子力学的代表人物。他在伦敦的一次讲演上说："……我们既没有实验也没有理论依据在 β 分解的情形下坚持能量守恒，而在这样做时还引起复杂化和困难。"尽管玻尔承认"断然放弃这个原理将意味着奇特的结果"，他坚持"在原子理论中，更不要说所有最近的进展，我们必须准备

---

① 尼尔斯·玻尔（Niels Bohr，1885—1962），丹麦物理学家，以创立玻尔原子模型著称，这个模型如今虽已被其他模型所取代，但其基本原理仍成立。他提出量子力学中的互补原理，即量子对象可用波动或粒子两种看似矛盾的概念来描述。他创建的哥本哈根大学理论物理研究所（后来的尼尔斯·玻尔研究所），成为量子力学早期发展的中心之一，著名的不确定性原理就是海森伯在那里与玻尔合作时提出的。玻尔也是一位科学哲学家，主张量子力学的哥本哈根诠释，是 20 世纪 20 年代后期著名的爱因斯坦–玻尔论战中的主将。

迎接新的惊喜"。玻尔是一位敢于创新的思想家，他是能量量子化（不连续性）的前驱之一，他觉得β衰变的能量问题大概是亚原子世界中将出现惊人新事物的征兆。（玻尔及其合作者1924年在试图解释原子发射和吸收光的现象时已经有过想要放弃能量和动量守恒的"前科"，并因此受到攻击。）

大多数物理学家对玻尔的说法持怀疑态度，他们认为神圣的能量守恒定律不可违反。特别是当时已经成名的奥地利物理学家泡利反对玻尔的这种态度。"你想要进一步虐待可怜的能量定律？"在一封致玻尔的信中他以其惯有的尖刻和讥刺态度问后者。他还在在另一场合取笑玻尔："要是某人欠你许多钱并承诺分期偿还，但每次不按承诺付款，你会不会以为这是统计误差？"

沃尔夫冈·泡利

沃尔夫冈·泡利（1900—1958）是奥地利物理学家，量子物理的创建者之一。在爱因斯坦的提名下，因"发现新的自然定律——**不相容原理或泡利原理**——作出的决定性贡献"而被授予1945年诺贝尔物理学奖。泡利出生于维也纳，父亲是一位著名的化学教授，母亲是一位具有社会主义倾向的记者。他的祖父母系来自布拉格的显赫犹太家族。他的教父是大物理学家马赫[1]。泡利在高中时是个"偏科生"，拙于拉丁文和希腊文，

---

[1] 厄恩斯特·马赫（Ernst Mach, 1838—1916），奥地利著名物理学家和哲学家，研究超音速流体力学，其对冲击波的研究最为著称，流体速率与音速之比如今称为马赫数。他对心理学和生理学也多有贡献，发现了某些视幻觉，特别是发现了内耳帮助控制人体平衡的非声学功能。哲学上马赫创导逻辑实证主义，对牛顿时空观持批评态度。马赫戏称泡利是"他的虚部"，以资与他本人相区别。

长于数学和物理。父亲为他延聘的老师早早把他引入爱因斯坦广义相对论之门。那时候物理学家中真正懂得这一艰深理论的人并不多,但泡利却能游刃其中,心领神会。高中毕业后不到两个月,他竟写出他的第一篇论文。这篇论文是泡利科学才华的第一次焕发,甚至引起了爱因斯坦的注意,他在给同事的信中说:"我这里有维也纳知识精英的一个惊人标本——年轻的泡利……一名一年级学生!"泡利18岁那年来到慕尼黑大学,师从阿诺德·索末菲[①],后者是新兴原子理论的一位先驱人物。

泡利在三年内完成了关于量子力学的博士论文。不久,导师要求他为《数学科学百科全书》(*Encyclopedia of Mathematical Sciences*)写一篇关于相对论的综述。他竟写出了一篇236页的洋洋长文,还有394条注释。爱因斯坦在读过泡利的杰作后大加赞誉:"凡读过这篇成熟和构思宏大的文章的人都不会相信作者年仅21岁。人们不知道该在哪一方面给他最高的赞誉:对观念发展的心理学理解,数学推导的严密,深刻的物理洞察力,明晰的系统性叙述的能力,文学知识,主题的完整处理,或批判性评价。"这篇文章后来以单行本发行,到今天仍居这个领域常被引用参考文献的地位。

此后泡利的兴趣转移到新兴的量子力学。他在哥廷根大学充当玻恩

[①] 阿诺德·索末菲(Arnold Sommerfeld,1868—1951),德国理论物理学家,原子结构和量子力学发展的先驱之一。他是一位伟大的理论家,更是一位杰出的导师,以发现和培养天才著称,他的博士和博士后研究生中获诺贝尔奖者有泡利、海森伯、德比、贝蒂、拉比等7人,其余杰出的学者数不胜数。在这一方面除汤姆森外无人可及,人称"大师之师"。传世之作有以其讲课笔记整理而成的六卷本《理论物理讲义》。他曾创纪录地84次获诺贝尔奖提名。有兴趣的读者可参阅《阿诺德·索末菲传》(米夏埃尔·艾克特著,方在庆,何俊主译,湖南科学出版社,2018)。

助手一年，接着在哥本哈根大学的理论物理研究所（今尼尔斯玻尔研究所）待了一年，1923—1928 年任汉堡大学讲师，从事量子力学研究。泡利在 25 岁那年提出了量子力学的一条重要定律，叫作(泡利)**不相容原理**。这是泡利最重要的贡献。1928 年春他应瑞士苏黎世联邦理工学院（ETH）之邀，赴任教授——这是一个声望很高的职位，尽管泡利有"授课很差"的坏名声。

不相容原理说，没有两个电子可在同一时间占据同一**量子态**，意即它们不能具有同样的能量和自旋。在亚原子尺度上，它解释了原子的壳结构：最多只有两个自旋相反的电子可占据同一轨道（能级），故所有其余电子必须占据其他轨道。在宇宙尺度上，这解释了白矮星——像太阳这样的恒星在耗尽了燃料后剩下的致密的残留物——星渣——何以可保持其状态而不进一步坍缩。白矮星内部的电子被紧裹到最大可能的程度——最多只有两个电子占据同一能级，故引力不能进一步压缩星体，使其坍缩为一个黑洞。不相容原理可以推广到所有费米子（具有半整数自旋的粒子）。简而言之，不相容原理是一切物体都有空间延展（长度、宽度和高度）的根由。20 年后，泡利因这一重大贡献获 1945 年诺贝尔物理学奖。

让我们顺便说几句玻色子。玻色子（具有零或整数自旋的粒子）的性质与费米子相反。基本力场粒子光子、胶子、W^- 和 Z 粒子都是玻色子。玻色子可占有同样的量子态，即占有同一量子态的粒子的数目不受限制。特别是，大量玻色子组成的气体在冷却到接近绝对零度、粒子动能降低到可忽略的程度时，将凝聚（积累）在最低能态。这种状态叫作**玻色 – 爱因斯坦凝聚（BEC）**。BEC 可产生非常奇特的物质状态，特别是超导体①和超流体②。

有一种描绘费米子和玻色子"性格"的通俗说法非常形象：费米子性孤僻，不合群；玻色子好社交，喜结群。

泡利很少发表论文，他更喜欢通过通信与玻尔和海森伯等欧洲知名的物理学家交换见解和想法。他在这些精心写就的长长的信中提出了量子力学、量子场论等重要概念，甚至详细的分析和推导。这些信在学术圈里传阅和复印，他的原创思想被其他学者发展为重要成果。他却并不在意。他认为在"破译自然这本书"的集体努力中，谁是原创作者并不重要，他只关心现象的完整和相容的描述。他的有些信玩笑式地署名"上帝之鞭"，以科学批评和追求真理为己任。

在科学家中，泡利是个性独特而个人生活遭际并不顺遂的一位，无怪乎西方科普著作多喜欢描绘他。简单地说，泡利是一位才子，当然不是那种风花雪月诗词歌赋式的才子，而是一位科学奇才。他才思敏捷，具有过人的洞察力。他豪放不羁，锋芒毕露。他快人快语，以一针见血

---

① 印度数学家和物理学家萨特廷德拉·纳特·玻色（Satyendra Nath Bose, 1894—1974）1924 年将他的一篇关于光量子的论文寄给爱因斯坦，这篇论文完全不用经典物理推导出普朗克的量子辐射定律。爱因斯坦十分赏识此文，亲自将其从英文译成德文，发表在一家德国期刊上。爱因斯坦进一步将玻色的概念推广到物质粒子，得出玻色气体和玻色–爱因斯坦凝聚（BEC）的概念。BEC 是超流性和超导这两种奇特现象背后的机理。一个氦原子 ^{4}He 由偶数个费米子（两个质子、两个中子和两个电子）组成，故像一个玻色子那样行为。在约 2.2K（所谓 λ 点）的温度上凝聚为单一的量子态，液态 ^{4}He 的黏滞度变为零，故可流动而不损失动能。如果你搅动它，产生的旋涡将永远旋转。有些金属或合金在冷却到一定的临界温度时变成超导体——电阻为零。在超导体内电子不再互相排斥，反而互相吸引，结果两个电子结成一对，像一个玻色子那样行为，故可形成 BEC。
② 1995 年美国博尔顿科罗拉多大学的物理学家实现了铷原子在冷却到 170nK 的气态凝聚。同年 MIT（美国麻省理工学院）的科学家实现了钠原子气体的玻色–爱因斯坦凝聚。这些成果为它们的创造者赢得了 2001 年诺贝尔物理学奖。

但不免尖刻挖苦的批评著称。有一回在柏林,在爱因斯坦作了相对论的讲演后,听众中的资深教授们都默默坐着,看谁该第一个发问。这时候,年轻的泡利站起来说:"爱因斯坦教授刚刚讲得可不像听上去那么愚蠢。"这要在礼仪之邦的中国,肯定会被视为狂妄和大不敬。其实他诚实、率真、机智,也不失幽默感。在一次会议上,泡利对长他20岁的知名荷兰物理教授埃伦费斯特[①]的讲演提出许多批评。后者不喜欢泡利的傲慢自大。他对泡利说:"我想我喜欢你的百科全书文章甚于喜欢你本人。"泡利立刻回敬道:"这真奇了,我对你的感觉恰恰相反。"不打不相识,两人从此成了忘年之交。

在学术上,泡利是个出名的完美主义者。他不但对自己的工作一丝不苟,也见不得那些含混不清、不可检验和无从评价的理论或论文,斥之为"比差还坏""连差都不如",因为不能证明其差。由于他的敏锐犀利,也由于他对物理学的忠诚,他赢得了许多同事的尊敬,称他为"物理学的良心",在遇到新概念时都乐于征询泡利的意见。但他的直言不讳和犀利尖刻当然不受所有人的欢迎。确实,人无完人,他也有"看走眼"的时候,而且往往过于武断,一棒子把人打死。最典型和富有讽刺意味的例子是,德国青年学者克勒尼希首先提出电子自旋的概念,用来解释泡利本人1924年为推导不相容原理而引入的一个可取两个值的量子自由度(量子数),但被泡利当头棒喝:"那确实很聪明,但显然与事实无关。"受此打击,克勒尼希决定推迟发表他的论文,致使发现自旋的功绩落到了荷兰物理学家古德斯密特和乌伦贝克的名下。(不过事实上,今日人们倒是没有忘记克勒尼希。)泡利后来为此失误而表示遗憾。

[①] 保罗·埃伦费斯特(Paul Ehrenfest,1880—1933),犹太裔奥地利–荷兰理论物理学家,对统计力学和量子力学有重要贡献。

泡利的"中子"

青年泡利的学术生涯可谓如日中天。但在1928—1933年进入了人生低谷,甚至遭逢了一次精神危机。[①] 在这种情形下,令人惊诧的是,他仍在思索β衰变的能量之谜。1930年末他做出了一项惊人之举,物理史上破天荒之事。

1930年12月初物理学家定于德国图宾根开会,讨论放射性问题。泡利受到了邀请。他的回应是给会议组织者写了一封公开信,但信特别呈给他十分尊敬的两位实验物理学家:梅特纳尔[②]和盖革[③]。他在信中为β衰变的能量问题开出了"一剂猛药"。这封信说:

[①] 1928—1933年,泡利不堪承受母亲自杀和自己婚姻失败的打击,处于精神崩溃的边缘。他沉溺女色的父亲为了一个年轻女人遗弃了母亲,导致母亲服毒自杀。泡利在1929年底与一个女舞蹈家在"一见倾心"下匆匆成婚,但不到一年即以离婚告终。泡利因那个女人为了"一个平庸的药剂师"弃他而去耿耿于怀。在这些打击下泡利变得愤懑抑郁,酗酒纵乐,思想不能集中于科学。1931年他在美国讲学期间,竟然也闹出因为醉酒而"不合时宜地"从楼梯上摔下折断了胳膊这种丢面子的事。后来泡利求助于著名的瑞士精神病医生和精神分析学家卡尔·荣格(Carl Jung)。荣格是弗洛伊德的继承者和革新者,他也相信和擅长解梦,而泡利恰巧多梦。在整整两年中,泡利向这位分析心理学的始祖描述他离奇复杂的梦境,后者则对这些梦的动机和象征作探幽发微的分析。1933年泡利终于遇到了一位干练的德国女人,并于次年成婚,从此共度一生。婚后泡利终止了他对荣格的咨询,但两人成为密友,继续通信数十年,探讨他们共同感兴趣的问题,彼此有所影响,1952年两人合著了一本名为《自然和心智诠释》(*The Interpretation of Nature and Psyche*)的书。

[②] 丽斯·梅特纳尔(Lise Meitner, 1878—1968),奥地利-瑞典女物理学家,1917年发现元素镤,1938年因纳粹迫害犹太人逃往瑞典,1938年与其侄子化学家奥托·罗伯特·弗里许(Otto Robert Frisch)共同发现核裂变(裂变一词是他们首先使用的),这一发现成为"二战"中开发原子弹的基础。她是维也纳大学的第一名女生,也是世界上第二位女物理博士。爱因斯坦称赞她是"德国的玛丽·居里"。

[③] 汉斯·盖革(Hans Geiger, 1882—1945),德国物理学家,在英国期间在卢瑟福指导下完成发现原子核的盖革-马斯登(Geiger-Marsden)实验(也称卢瑟福金箔实验——用α粒子轰击金箔,发现每个原子有一带正电荷且集中了原子质量的核)。盖革也以发明盖革粒子计数器著称。

亲爱的放射性女士和先生们：

……我偶然想到了拯救能量守恒定律的……一剂猛药。那就是核内存在电中性的粒子的可能性，这些粒子——我将叫它中子——具有1/2自旋并服从不相容原理，且在不以光速运动这一点上与光量子不同。中子的质量与电子质量在同一量级，但无论如何都不大于质子质量的0.01。假设在β衰变中一个电子与一个中子一起发射，且中子与电子的能量之和为常数，连续的β谱就变得可以理解了。

但我觉得没有把握，不敢就此发表什么，故我首先向你们提出有关这种中子的实验证明问题……

我承认，我的补救方法似乎不大可信，因为如果中子存在，它们大概早就被看到了。但只有敢下注才能赢，还有我尊敬的前辈德比先生的话说明了有关连续β谱情形的严重性："噢，最好完全别去想这事，就像新税金一样。"……所以，亲爱的放射性人，请考虑和判断吧。

可惜，我本人不能出席图宾根的会议，因为12月6—7日苏黎士有一场舞会我必须参加。

……

你们谦恭的仆人

W. 泡利

简而言之，泡利在信中提出了一个"中子"来解释β衰变中的能量缺失——缺失的能量被这个"中子"偷走了。在那个时代，开出这样"一剂猛药"无论如何都过于鲁莽和大胆。要知道那时候，物理学家只知道3个基本粒子：质子、电子和光子（中子尚未发现，所以泡利把他发明的中性粒子叫作"中子")。凭空召唤一个未知的粒子以图圆β衰变中的能量守恒,在旁人看来简直无异于一种逃避。

泡利这一惊人之举在物理学史上没有先例。在数学中,我们听说过不少猜想或命题,比如连续统假设,古德巴赫猜想,费马大定理,庞加莱猜想等,但在物理学中无先例。就连泡利本人似乎也有一些后怕,觉得他越出了物理学家的"执业"规范。据说他曾对一位好友(德国天文学家 W. 巴德)说:"我做了一件可怕的事!我假设了一个不可检测的粒子。没有哪个理论物理学家该做这种事。"W. 巴德马上与他打赌:有一天这个"中子"将被检测,赌注用香槟支付——泡利嗜饮之物。(图 2-5)

总之,泡利的建议是:β衰变过程使核内一个中子变为一个质子的同时发射一个电子和一个未知粒子,泡利称它为"中子":$n^0 \rightarrow p^+ + e^- +$ "中子"。现在要等待一位物理学家来揭开谜底。这位来者是意大利物理学家费米。

图 2-5　沃尔夫冈·泡利

费米 β 衰变理论

费米（1901—1954）出生于罗马（图 2-6）。父亲是一名铁路管理员，母亲是一名教师。费米自幼即显示出数学天赋。14 岁那年在经历了丧兄之痛后，他变得沉默寡言，沉浸在一本从书摊上买来的物理书籍中。他父亲的一位同事注意到费米对科学的兴趣，鼓励他到比萨大学深造。进入大学后，费米仅用四年就完成了大学学业和论文。费米的妻子劳拉·费米在《家里的原子：我与费米的生活》（Atoms in the Family: My Life with Enrico Fermi）中描绘了费米论文答辩的情形："十一位穿黑袍戴方巾的考官庄严地坐在一张长桌后面。费米也穿黑袍，站在他们面前，以平静、从容和充满自信的态度开言。随着他一路讲下去，有的考官竭力抑制哈欠，有的抬起惊愕的眉毛，有的干脆放松下来不再试图跟上。显然，费米的学问超过了他们的理解力。费米获得了优等学位，但没有哪位考官与他握手，向他祝贺……"后来费米依靠政府奖学金游学德国和荷兰，有机会与那时的杰出物理学家玻恩[1]、海森伯和洛伦兹[2]等一起工作。1926 年 25 岁的费米获罗马大学为提升意大利的物理水平和声誉新设的理论物

---

[1] 马克斯·玻恩（Max Born, 1882—1970），德国犹太物理学家和数学家，与海森伯合作创立量子力学的矩阵力学形式，特别是提出量子力学的统计诠释，为此获 1954 年诺贝尔物理学奖。20 世纪 20—30 年代在他的推动下哥廷根成为世界物理学的主要研究中心。他也是一批杰出物理学家（其中有美国原子弹研制负责人奥本海默）的博士导师。他的助手包括费米、海森伯、泡利等。1933 年纳粹上台后他移居英国，后入籍英国，战后返回当时的联邦德国。

[2] 亨德里克·洛伦兹（Hendrik Lorentz, 1853—1928），荷兰物理学家，1902 年因发现塞曼效应及其理论解释与彼得·塞曼（Pieter Zeeman）共获 1902 年诺贝尔物理学奖。洛伦兹变换也是后来狭义相对论的变换方程。洛伦兹被认为是经典物理与现代物理（量子力学）中承前启后的人物，理论物理的泰斗。他是 1925—1928 年国际知识合作委员会（International Committee of Intellectual Cooperation，联合国教科文组织的前身）主席。

理教授职位。他不负众望，很快在自己周围聚集起一批有天赋的学生，他们被称为"潘尼斯佩尔纳男孩"（潘尼斯佩尔纳是他们的研究所所在街名）。这些年轻人中有庞蒂科夫和马约拉纳等，他们日后在中微子物理中均留下深刻的印记，我们将在后面讲他们的故事。费米本人则成为同事们所称的"教皇"，是他们的当然领袖。

图 2-6　恩里克·费米

1931 年，泡利在意大利的一次会议上初遇费米。那时费米是罗马大学一位风华正茂、魅力超凡的年轻学者。据泡利回忆，费米立刻表示对他的想法的"热烈兴趣，以非常正面的态度看待他的中性新粒子"。事实上，泡利与费米在学术上可说早有神交。1925 年泡利发表其不相容原理后不久，费米发表了一篇题为"理想单原子气体的量子化""On the Quantization of the Perfect Monoatomic Gas"的论文。论文描述了遵守不相容原理的大量相同粒子的系统中粒子的分布，如今称为费米–狄拉克统计（狄拉克首先称遵守不相容原理的粒子为费米子）。英雄所见略同，泡利和费米两人都认为玻尔放弃能量守恒的意见不可接受。

1932年，在查德威克发现中子后，费米给泡利的"中子"取了个新名字，叫"中微子"（在意大利语中有"可爱的小中子"的意思，据说这个词不合意大利语语法，但富幽默感），因为泡利心目中的那个粒子绝不可能是查德威克的中子，后者太重。

第七次索尔维会议[①]于1933年10月在布鲁塞尔召开，会议的主题是原子结构。几乎所有放射性和β衰变的重要研究者都出席了这次会议：居里夫人、卢瑟福、梅特纳尔、查德威克和埃利斯，还有两位放射性领域的新星——居里夫人的女儿伊莱娜和女婿约里奥·居里。几乎所有核物理和量子力学的主要理论家也出席了这次会议：玻尔、泡利、薛定谔、海森伯、狄拉克。年轻的费米也获邀出席这次会议。

伊莱娜和弗雷德里克在会议上报告了他们发现的一种β衰变的新形式。普通的β衰变使一个中子变为一个质子，同时发射一个电子，而新的β衰变使质子变为中子并发射一个正电子。泡利认识到β衰变的两种形式都有另一个守恒问题：自旋守恒。就新的β衰变形式而言，如果质子变为中子而只发射一个正电子，自旋就不可能守恒。因为质子自旋为1/2，衰变产物中子和正电子的自旋也都是1/2，而根据量子力学原理，两个半自旋相加只能是自旋1或0。普通的β衰变也有同样的问题。如果在

[①] 索尔维会议于1912年在布鲁塞尔由欧内斯特·索尔维创立、由物理和化学研究所主办，一般三年举行一次，邀请世界知名科学家研讨物理和化学中的重大前沿问题。最著名的是1927年10月举行的以电子和光子为主题的第五次会议。29名出席者中有17人在会议前后成为诺贝尔奖获得者。这次会议还成为物理史上影响深远的爱因斯坦－玻尔量子力学大论战的舞台。

β衰变的两种形式中存在一个自旋 1/2 的粒子，自旋便能保持守恒。这就给了他的中微子假设一个很强的理由。

在这次会议上，泡利还等来了他引颈以盼的消息：埃利斯等的精确测量证明，β射线的连续能谱有一个不容置疑的"截止值"（最大值）——β粒子的能量不能超过此值，且此值正好落在能量轴上按能量守恒预测的地方。因为β粒子的平均能量在这个截止值以下，能量守恒意味着必有别的粒子带走了缺失的能量。在这种意义上，埃利斯的结果事实上已经证明中微子的存在。这个结果也证明，没有什么统计意义上的能量平衡，因为如果β粒子的能量是一个统计变量，它就不会有一个固定的上限值，而可以取任意值。泡利听到这个消息后即席发言："它们的质量不可能比电子质量大许多。为了将它们区别于中子，费米先生已建议称它们为'中微子'。中微子的质量可能是零……对我来说，中微子具有自旋 1/2 似乎是合理的……我们对中微子与其他物质粒子或光子的相互作用一无所知。"

听了约里奥·居里夫妇的报告，费米几乎立刻意识到，如同在通常的β衰变中一个中子变为一个质子和一个电子符合电荷守恒的要求，在新的β衰变中一个质子变为一个中子同时释放一个正电子同样满足电荷守恒。他还从海森伯的发言中获得了启示。海森伯提示，质子和中子或许是同一种粒子的不同状态。费米于是猜想电子和中微子或许也是如此。从会议上获得的这些信息以及与泡利和玻尔——尽管后者顽固地坚持己见，不为面前的新证据所动——的讨论令他受益匪浅。在会议结束时，他大概对构建一种β衰变理论已成竹在胸。

费米回到罗马后立即埋首构建一种β衰变的量子理论，不到两月即告完成。他充分汲取了泡利的意见,同时将新出现的量子电动力学原理应用于物质粒子,给出了β衰变过程一个清晰的数学描述。费米的理论揭示,一个原子核在β衰变中自发地发射一个电子和一个**中微子**——两者都不是在衰变过程前包含在核内,而是在衰变过程中产生和发射的。费米推断中微子具有自旋1/2。费米用他的理论计算β衰变中电子能谱的形状,结果与实验数据包括高能端的截止值相符。理论预测与实验的准确吻合使中微子的存在难以再被否认,尽管中微子的直接检测仍需时日。费米用他的理论预测中微子的质量,得出的结论是:"中微子的静止质量顶多不过是电子质量的一个很小部分甚至是零。"后来更精密的测量证明费米的理论完全正确。不但如此,费米的理论实际上第一次宣告了一种在亚原子粒子间起作用的新的自然力和相互作用,这就是后来所说的弱核力和弱相互作用。

费米将他的β衰变的论文投给《自然》。这家著名刊物的编辑竟目不识珠,拒绝发表,理由是"它包含太远离现实的空想,读者不会感兴趣"。今天看来,那些编辑和审稿人无疑是短视的。这家杂志也认为这是他们历史上犯下的一个大错。不过或许也情有可原。那时尽管费米的理论十分成功,许多物理学家仍难以接受中微子的概念——没有人以任何方式"看见"过它们,而一个粒子总要通过撞击物质粒子产生可观察的效应才能证明其存在。无论如何,只有很少人能够穿透迷雾看清前面是什么,而常人往往总也不相信他看不见的东西。所以20世纪30年代人们对费米理论仍普遍缺乏热情。费米的论文最后按当时墨索里尼法西斯当局的要求发表在一家意大利刊物上。幸亏它同时发表在一家更具国际性的德国刊物上,要不然由于意大利语的受众有限,将阻延费米理论的传播。

这篇论文至今仍是物理学史上的经典之作。

有一段不大为人注意的故事。美国发明家阿伐利兹用实验检验费米理论，给出有别于理论的结果。华裔实验物理学家吴健雄重做实验，发现阿伐利兹实验中用作射线源的厚且不均匀的硫酸铜（$CuSO_4$）膜使发射的电子损失能量，造成误差。她在硫酸铜中加入清洁剂使之产生更薄和均匀的膜，结果纠正了误差，所得结果与费米理论相符。吴健雄后来成为公认的β衰变专家。她的故事我们在适当的地方再叙。

费米理论使中微子从泡利的假设变为理论上的存在。β衰变过程使核内一个中子变为质子，同时发射一个电子和一个中微子。今天我们知道，那个中微子是一个电子反中微子，用符号表示为 $\bar{v}_e$，故有

$$n^0 \to p^+ + e^- + \bar{v}_e$$

（见图 2-3（b）右下角小图）。当然，中微子的存在仍有待实验证明。这是第 3 章的主题。

下面是β衰变的一个典型例子。地球上 99% 的碳都是稳定的碳−12（其原子核包含 6 个质子和 6 个中子，总共 12 个核子（质子加中子）），但有极少的碳以同位素碳−14（放射性碳）的形式存在。碳−14 的核包含 14 个核子，其中 6 个是质子，它不稳定，通过β衰变变为氮，同时发射一个电子和一个电子反中微子：$^{14}_{6}C \to {}^{14}_{7}N + e^- + \bar{v}_e$，式中化学元素符号前的上标表示核子数，下标为质子数。碳−14 的半衰期约为 5730 年。碳−14 极少，每 10^{12} 个碳原子中仅有 1~1.5 个，但其在有机材料中的存在是**放射性碳断代法**的基础。植物和动物死亡时体内含有的碳−14 开始通过放射性衰变，故死亡的时间越长，其含量越少。因此测量一个植物或动物化石样本的碳−14 含量可推知其死亡时间。这种方法可靠断代的

时间达 50000 年或更长。放射性碳断代法自 1949 年始广泛用于考古和地质研究。

费米遭《自然》拒绝他的论文后，失望之余，愤而从事实验，很快便证明他不但是一位天才的理论物理学家，也绝不缺少实验的天赋。他开始致力于研究人工放射性。

1931 年德国物理学家博特和贝克尔用 α 粒子轰击铍、硼、锂时产生一种不受电场影响的穿透性很强的辐射，他们其实已经获得了自由中子，但是他们不知道，误认为那是 γ 辐射。次年伊莱娜和约里奥·居里用这种"γ"辐射照射石蜡或其他含氢化合物，结果产生能量很高的质子，但他们也没有识别那种"γ 射线"的性质。英国卡文迪什实验室的查德威克不相信这种射线是 γ 辐射，他通过进一步实验最后发现了中子（见第 1 章）并因此获得诺贝尔奖。科学研究好像很不公平，最初产生自由中子的博特和贝克尔，首先用中子来诱导放射性的伊莱娜夫妇，都与发现中子的荣誉失之交臂！他们或许忽略了什么，或许欠缺一点儿运气。博特后来因核反应研究与玻恩共享 1954 年诺贝尔物理学奖。中子的发现具有重要意义，因为它不但最后解构了原子核，还开创了核时代。

事实上，伊莱娜和弗雷德里克发现了用中子诱导放射性。受此启发，费米研究用中子轰击原子来诱导放射性。使用中子的好处是中子不带电荷，故不被带正电的核所偏折，穿透核所需的能量比带电粒子低得多。费米团队成功地在 22 种元素中诱导出放射性。特别有趣的是，他们觉察到在木头桌面上做实验比在大理石桌面上做实验时记录到强得多的放射性。经反复实验，费米发现这是因为木头中的轻原子降低了中子速率。他们由此发现，用（缓）慢（运动的）中子轰击原子比用快中子可更有效地诱导放射性，因为较慢的中子比较快的中子更易被核所捕获。费米还推导出一个方程来定量描述这种现象。基于费米的发现，其他科学家用慢中子轰击铀做实验。1938 年，德国科学家成功地将铀核大体分为两半（见 42 页注②），从此打开了通过**核裂变**释放禁锢在原子核内巨大能量的前景。科学家很快认识到，如果一个核裂变事件产生若干中子，其中每个中子均可进一步引起裂变事件，从而造成**核链式反应**。这是核能和原子弹的基础。事实上，早在 1923 年费米就预见到，隐藏在爱因斯坦质能方程 $E=mc^2$ 背后的是巨大的可资利用的核能。

费米因"发现用中子照射产生新的放射性元素及慢中子引起核反应"获 1938 年诺贝尔物理学奖，那年费米 37 岁。（那时人们已经知道，获奖词中所称"新的放射性元素"——"铀后元素"——实为裂变产物。为此，费米在其获奖致辞中加了一个注脚。）

费米到斯德哥尔摩领奖后没有回意大利，而是携妻子和两个孩子直接奔赴美国。这是因为意大利开始实行法西斯种族法，反犹运动已在意大利兴起，而他妻子劳拉是犹太人。在纽约哥伦比亚大学执教数年后，费米来到芝加哥大学。1942 年，费米领导的一个团队在大学体育场看台下的一片南瓜地里实现了世界上第一个可控自持链式核反应——核反应堆，迈出了驾驭核能的关键的第一步。费米在芝加哥的工作为原子弹和核能的发展做好了准备。费米被称为"核时代的建筑师"，也被称为"原子弹的建筑师"。

费米后期从事重要的粒子物理研究，特别是关于 π 介子和缪衰变的工作。在与杨振宁合作的一篇论文中，他们设想 π 粒子可能实际上是复合粒子。后来的夸克模型果然证明，这种粒子由夸克构成。在其题为"关于宇宙辐射起源"的论文中，费米提出宇宙射线是由物质被星际空间的磁场加速引起。他思索今天所谓费米佯谬，即存在外星人的假设与迄今未有外星人访问我们的矛盾。

  费米也是一位杰出的老师。他本人以使用"信封背面的计算"（喻通过好像匆匆写在信封背面的计算作出的快速估计）给出问题的准确答案著称，他也将这种方法传授给他的学生。他早年在意大利的学生庞蒂科夫和马约拉纳是中微子研究的先驱，对中微子物理作出基础性贡献。他在芝加哥大学的学生中包含许多在粒子物理和理论物理领域中的佼佼者，如 J. 弗里德曼、O. 张伯伦，与盖尔曼独立提出夸克模型的茨威格和李政道等[①]。

  费米 53 岁即死于胃癌，可谓天不假年，英年早逝！美国芝加哥附近于 1969 年始建的加速器实验室命名为费米国家加速器实验室（Fermilab）[②]，以纪念这位伟大的物理学家。图 2-7 为费米实验室的直线加速器内部。

---

① 杰罗姆·弗里德曼（Jerome Friedman），1968—1969 年与另外两位科学家因首先发现质子的内部结构——夸克——获 1990 年诺贝尔物理学奖。欧文·张伯伦（Owen Chamberlain），1948 年因发现反质子与塞利奥·塞格雷（Sellio Segre）共享 1957 年诺贝尔物理学奖。塞格雷是费米早年在罗马大学的同事。李政道和杨振宁因发现宇称不守恒共同获 1957 年诺贝尔物理学奖（见第 6 章）。李政道 1946 年入芝加哥大学，是费米亲自挑选的研究生。

② 费米实验室的粒子加速器 Tevatron 在 2008 年前为世界最大加速器，可将反质子加速到 500GeV 的能量，产生 1.6TeV 的质子 – 质子对撞。其重要成果中有 1999 年发现所有基本粒子中最重的顶夸克等。除高能核物理，近年来费米实验室也着重于中微子研究，最著名的是 MINOS 实验，本书中将有叙述。

图 2-7　费米实验室的直线加速器内部

第 3 章
捕获中微子

费米 β 衰变理论预言了中微子的存在。但只有用实验捕获它们，才能最终证明它们是实在的粒子。物理学家知道，检测中微子极为困难，因为它们是电中性的故不响应电磁力，它们也不受强力的影响，它们质量甚微故引力效应不可觉察。给中微子检测带来希望的还是费米理论本身。费米理论意味着一种与 β 衰变相反的过程的可能性：一个在时空中飞行的中微子可能与物质原子碰撞，拾取一个负电荷变为一个电子，同时核内一个中子变为一个质子（图 3-1（a））。原理上，捕获这个电子即

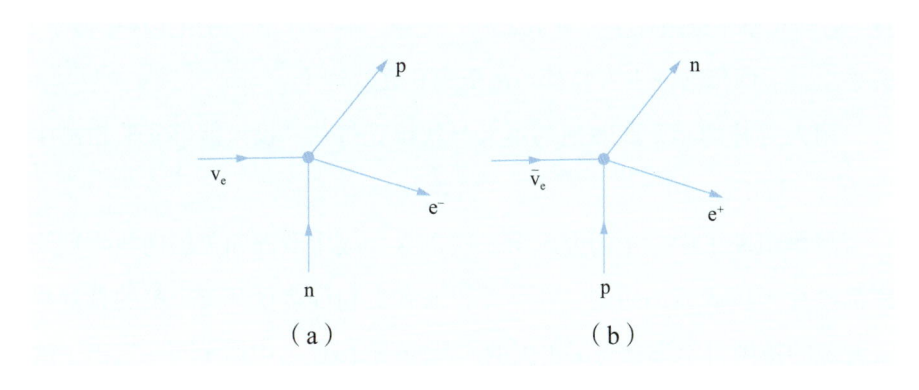

图 3-1　逆 β 衰变
（a）核受一个电子中微子撞击，发射一个电子，同时核内一个中子变为质子；(b) β 正衰变：核受一个电子反中微子撞击，发射一个正电子，同时核内一个质子变为中子

可检测一个中微子事件。这种逆 β 衰变的可能性的大小有赖于中微子的能量。

1934 年，两位年轻的德国物理学家贝蒂和佩尔斯[①]根据已有的 β 衰变数据，用费米理论计算中微子与物质发生相互作用的可能性，结果很不令人鼓舞：这种概率实际上几乎等于零。两位物理学家断言，β 衰变产生的中微子可以像子弹穿越雾障那样不受妨碍地穿越地球，实际上没有什么方法可以检测中微子。查德威克等的研究也得出类似的结论。还有一位名叫南米埃斯的英国物理学家将他的器件置于地面下约 91m 的伦敦霍尔本地铁站，以此降低来自空间的高能粒子的背景辐射（专业上叫作**本底**），结果他也没有检测到中微子。但他的实验开创了为最小化噪声干扰在地下检测中微子的先河，为后来的实验所仿效。

令人沮丧的理论估计和实验的失败，再次引起对中微子可否检测甚至是否存在的怀疑。连创立了相对论波动方程的著名英国物理学家狄拉克（见第 7 章）也站在了怀疑者之列。他以"不可观察"为由拒斥中微子，似乎忘记了两年前他本人曾赞扬过费米 β 衰变理论。

耐人寻味的是，此时泡利本人与狄拉克打赌"没人能够实验检测中微子"，赌注是一箱香槟。

战争阻断了中微子研究。第二次世界大战中欧洲和美国的核物理学家都投身于核武器的研制。英、美、加拿大和许多投奔英、美的具有犹太血统的德国科学家参与了美国的"曼哈顿计划"。中微子暂时退出了他

[①] 鲁道夫·佩尔斯（Rudolf Peierls, 1907—1995），出生于德国的犹太 – 英国物理学家，"二战"时英国核武器计划领头人。他与 Otto Robert Frisch 合作的 Frisch-Peierls 备忘录首先指出可用少量铀 –235 建造原子弹——原以为需要多吨铀，这一发现是促成美英核武计划的重要因素。

们的视野。泡利的挑战无人响应达四分之一世纪。1941 年我国物理学家王淦昌[1]提出用**电子捕获**检测中微子的实验。电子捕获是指一个包含许多质子的原子核吸收原子的一个内层电子，使核内一个质子变为中子并发射一个中微子的过程，因为这个过程与 β 衰变类似，往往被归为 β 衰变。可惜在当时抗日战争的烽火中未能实施[2]。

后来，捕捉中微子这个充满科学悬念的难题开始吸引一些物理学家。战后实验检测中微子的条件已非战前可比。这主要是因为核反应堆提供了丰沛的中微子源，而这一点对中微子检测极为重要。一个中微子与检测器相互作用的机会固然甚微，哪怕一大块镭（放射性最强烈）也不能通过 β 衰变释放出足以检测的中微子。但一座核反应堆每秒可产生数以万亿计的中微子。巨大的数量提高了实验检测中微子成功的机会。显然，通过检测器的粒子数量越大，捕捉到其中一些粒子的概率越高。强调指出这一点的是费米的潘尼斯佩尔纳男孩（费米领导的一个团队）之一的庞蒂科夫。

庞蒂科夫是与中微子有不解之缘的意大利天才之一，也是第二次世界大战后冷战初期轰动一时的一件间谍案的主角。

---

[1] 王淦昌（1902—1998），出生于江苏常熟，1929 年毕业于清华大学物理系，1933 年获柏林大学博士。中国著名物理学家，中国核物理和粒子物理的奠基者之一，"两弹一星"元勋。1941 年他提出用电子俘获检测中微子；20 世纪 50 年代任中科院近代物理研究所副所长和苏联杜布纳联合核研究所副所长；1959 年他领导的团队在杜布纳发现了一种新粒子。他独立提出用激光打靶实现核聚变，是世界上这类研究的创始人之一。他也是用激光仿真核爆炸的领导人之一。2000 年中国物理学会设立五个表彰中国当代物理先驱的奖项，其中王淦昌奖授予粒子物理和惯性约束聚变方面的物理学家。
[2] 据维基百科王淦昌篇（Wang Ganchang, Wikipedia），詹姆斯·艾伦（James Allen）于 1942 年依照王淦昌的建议发现了中微子存在的证据，但作者未能进一步查证这一点。

庞蒂科夫

庞蒂科夫（1913—1993）出生于比萨附近一户富有的犹太–意大利家庭，自幼生活优裕，受到良好教育。罗马大学毕业后，他加入了费米的团队。虽是其中年龄最小者，在用慢中子轰击原子增强核反应这项突破性工作的专利和论文中，都有他的名字。费米称他为"我科学生涯中接触过的最聪明的科学人之一"。

1936年，庞蒂科夫来到巴黎，在约里奥·居里夫妇在巴黎大学的实验室工作。那时的巴黎是左翼思潮滥觞之都。庞蒂科夫在巴黎接触了社会主义思想，结交了一些活跃的左翼人士，也遇到了他日后的妻子。在巴黎的这一段生活对他的人生产生了决定性影响。

由于1938年意大利法西斯当局颁布反犹太法，庞蒂科夫的亲属纷纷离开意大利，移居英法和美国。庞蒂科夫本人在德军迫近巴黎时骑自行车仓皇出逃，辗转到达美国，在俄克拉荷马一家石油公司找到一份工作。他用他的慢中子知识设计制作了一种探测地层结构的仪器。这大概是慢中子技术实际应用的第一例，并且一直应用了数十年之久。后来他加入第二次世界大战期间英国和加拿大的原子武器计划（后并入"曼哈顿计划"），在加拿大参与了美国以外世界上第一座核反应堆的建造。战后，在大量的机会中庞蒂科夫选择了英国原子能研究组织（AERO）。当时世界上最大的研究反应堆NRX在1947年7月21—22日夜间启动时，庞蒂科夫是控制室内四名测试组成员之一。庞蒂科夫1948年与妻儿移居英国，到牛津附近哈维尔的英国原子能研究机构履职。但在英国的两年中，他的处境发生了变化。

冷战气氛日益上升，苏美核竞赛加剧。美国开始研制氢弹。麦卡锡主义在美国兴起。许多参与"曼哈顿计划"的科学家成为抓捕苏联间谍的"猎巫行动"的目标,甚至像声名卓著的物理学家费曼和"曼哈顿计划"领导人之一的奥本海默①也不能幸免。在英国,庞蒂科夫在哈维尔实验室的同事福克斯②承认,他在"曼哈顿计划"期间为苏联人充当间谍,

---

① 罗伯特·奥本海默(Robert Oppenheimer, 1904—1967),美国理论物理学家,战前执教于伯克利加州大学,"二战"期间为美国洛斯阿拉莫斯实验室主任,是美国研制原子弹的"曼哈顿计划"领导人之一,被称为"原子弹之父",但在1945年6月原子弹第一次试爆成功后,他引用印度古典诗词说:"现在我变成了死神,世界的毁灭者。"战后他主张控制核武器,反对研制氢弹。他对防务问题所持立场以及曾与共产党有关的人和组织的关系,导致1954年他的安全许可被吊销,国会对他举行听证。在这种情形下他仍坚持教学和研究。九年后肯尼迪总统授予他费米奖,算是一种政治平反。

② 克劳斯·福克斯(Klaus Fuchs, 1911—1988)的一生演绎了一个物理学家和间谍双面人生的传奇。他早年参加德国共产党,希特勒上台后出走英国,先获布里斯托尔大学物理博士学位,后至爱丁堡大学随玻恩工作,并取得爱丁堡大学科学博士学位。"二战"爆发后,1940年他以敌国国民被遣送至加拿大魁北克的拘留营,后经玻恩斡旋,年底即返回英国,继续随玻恩工作。他与玻恩共同发表的多篇论文证明他是一名优秀的年轻理论物理学家,被佩尔斯(见P56注①)招募入英国原子弹计划,与佩尔斯一起做了一些重要工作,包括一篇关于同位素分离的重要论文。1942年福克斯成为英国公民,但旋即通过伦敦经济学院的德国人库钦斯基与苏联外国军事情报指挥部建立了联系。英国原子弹计划与"曼哈顿计划"合并后,福克斯与佩尔斯一起到哥伦比亚大学,为"曼哈顿计划"研究铀浓缩的气体扩散法;1944年至洛斯阿拉莫斯实验室理论部,在贝蒂领导下工作,为原子弹起爆作了一些重要的理论计算。他也参与了研制氢弹的早期计划,1946年与冯·诺伊曼共同申报了一项用内爆触发器启动热核武器的专利。贝蒂给予他高度评价,认为他是理论部"最有价值的人"。但在此期间福克斯暗中将高度机密的核研究信息供给苏联人。1946年8月返回英国后任哈维尔英国原子能研究机构理论部主任,在1947—1949年将氢弹的主要理论和设计草图、铀和钚炸弹试验结果和生产铀-235的关键技术递送给苏联人。1949年9月美国军事情报机关指福克斯是间谍,此时苏联人已切断与他的联系。在M15(英国军情处)的询问下,福克斯承认他是一名间谍,并供出了一些情报。在一场基于他本人供词、不到90min的审判中福克斯被判处有期徒刑14年,当然被剥夺了英国国籍。实际上英国人在这个事件中处于某种尴尬境地,因为福克斯在向苏联人传递美国核机密的同时也向英国传递。英国至今没有解密福克斯档案。服刑9年后福克斯于1959年初获释,并被遣返东德(德意志民主共和国)。在东德他是一位受欢迎的英雄,他成为德国执政党(社会主义统一党)中央委员,历任科学院物理、核和材料科学部主任,罗森道夫核研究所所长,曾获国家奖金和卡尔·马克思奖状等东德的最高荣誉。

后在审判中被判刑。不巧的是，差不多与此同时，庞蒂科夫的前意大利同事与美国政府的慢中子专利诉讼正在发酵。利用石墨减慢中子的技术如今成了反应堆和原子弹的核心技术，专利持有者塞格雷等人提起诉讼，要求从美国政府获得补偿。此前，庞蒂科夫的政治倾向似乎并未引起英、美当局的明显注意，或许是这专利之争触发了美国联邦调查局（FBI）对庞蒂科夫的调查。他们在"曼哈顿计划"的文件中发现他的姐、弟和表兄都是共产党员，他本人大概也在巴黎期间加入了法国共产党。

英国人得到了这一信息。但他们手里没有庞蒂科夫是苏联间谍的证据。AERO建议他调到一个较不敏感（不接触绝密材料）的岗位。布里斯托尔大学特地向他提供一个新设立的教授职位，他接受了。

庞蒂科夫还没到布里斯托尔大学履任，突然就爆出了科学家神秘失踪的消息。一家意大利报纸爆料称，1950年9月1日庞蒂科夫一家在意大利度假时，突然不辞亲友，飞往斯德哥尔摩，次日即登上了去赫尔辛基的飞机——他们竟未与居住在斯德哥尔摩的庞蒂科夫的岳父母联系。从此就没有了这一家人的下落。没有他们在赫尔辛基的踪迹，也没有他们穿越芬兰边境进入他国的记录。

媒体当然在这件悬案上大做文章，一位原来不为一般人所知的低调科学家一夜之间引起轰动。"原子人飞走了""原子专家失踪"等通栏标题出现在许多报纸上。人们纷纷猜测这位科学家的去向。最大的可能性当然是，这一家人在苏联人的接应下从赫尔辛基逃到了苏联。有家报纸引用一位认识庞蒂科夫的物理学家的话说："他是原子科学中最全面的人之一，肯定在英国最棒的之列。这样的人无疑对苏联人极为有用。"庞蒂科夫失踪案给冷战喧嚣增添了燃料。美英情报机关大概早已知道庞蒂科夫叛逃到了苏联。但当局对此都轻描淡写，大概是因为一位杰出的物理学家在他们眼皮底下叛逃——特别是接踵福克斯间谍案——而感到尴尬。英国官方也安抚公众：庞蒂科夫在AERO没有参与秘密军事项目，手里没有什么原子武器的秘密，不过这位科学家或许在基础科学研究上对苏联有用。

谜底终于揭晓，1955年庞蒂科夫在苏联的一次新闻发布会上露面，解释他离开西方到苏联工作的动机。他承认他一家人确是被苏联大使馆偷运出赫尔辛基的。他在苏联显然受到当局十分的器重。他进入苏联标志性的核机构杜布纳联合核研究所（JINR）[①] 工作，在高能粒子的理论研究上成就卓著，特别对中微子性质的研究有开创性贡献。他在不到十年间接连被授予斯大林奖金、两枚列宁勋章、苏联科学院院士称号；1964年因其弱相互作用的工作获得列宁奖金。在他去世后两年，1995年JINR为纪念庞蒂科夫设立庞蒂科夫国际奖，奖励高能物理领域的杰出物理学家。不过多年来该奖主要授予在中微子研究上作出卓越贡献的科学家。富有讽刺意味的是，"庞蒂科夫"这个中文译名倒把这位意大利科学家弄得像个俄国人了（通常意大利人名的中译应将其元音结尾的特点译出，如伽利略、费米、威尔第等）。

着迷于间谍故事的读者可能急于知道，这位大科学家到底是不是间谍。其实这个问题至今尚无定论。庞蒂科夫本人对此不置一词，不过他声称无论在西方还是东方都不曾参与原子武器研制。曾有叛逃到西方的

[①] JINR，苏联规模庞大的国际核研究机构，1956年由11个倡议国共同创建，中国为其重要成员。苏联出资50%，中国出资20%。中国物理学家王淦昌1956年任副所长。

苏联克格勃高层军官指认他是苏联间谍，但后来证明是张冠李戴，认错了人。可是加拿大的 NRX 反应堆在 1947 年开始工作后其蓝图就落到了苏联人手里，那又是怎么回事呢？这仍是个谜。FBI 和 M15 的庞蒂科夫档案至今仍未解密。

氯检测器（放射性化学方法）

庞蒂科夫在加拿大期间，除了反应堆设计，也致力于中微子研究。与流行的悲观论调相反，他对中微子的实验检测抱乐观态度。在他看来，有强大的核反应堆作为中微子源，中微子的检测已变得实际可行。他首先提出了检测中微子的一种具体方法。

如上所述，当一个中微子撞击原子核时，可与核内一个中子相互作用，结果中子变为质子，同时核发射一个电子。如果捕获这个电子，理论上可揭示那个中微子。可这是没有希望的事，因为电子到处都是，要从大量电子中识别被中微子"撞出来"的那个电子几乎是不可能的。但庞蒂科夫看到了另一种可能性。受中微子撞击的原子因中子被质子代换而变为一个不同（周期表中下一个）元素的原子，如果这个新原子是放射性的，当它衰变和发出辐射时就可揭示中微子事件。这就产生了设计一种中微子检测器的基本思想：一个充满适当物质（检测介质）的大容器。检测介质除了具有上述性质，应当廉价易得，因为中微子撞击是极偶然发生的事件，要有效检测中微子，检测器的体积必须足够庞大。此外，中微子事件产生的放射性产物的衰变不可过快，以便有足够的时间进行测量。庞蒂科夫在 1945 年的一篇论文中具体指出，一个中微子撞击氯原子，可将其变为不稳定的氩 -37，后者以 35 天的半衰期发射一个 2.8keV

的电子，可直接测量。他建议使用含氯液体（如干洗液——四氯乙烯）作为检测介质。对于这种基于放射性化学方法的氯检测器，发生预期反应的中微子能量阈值为 0.814MeV。

不久后，法国物理学家盖隆依照庞蒂科夫的建议，用碳四氯化物检测中微子。实验用 NRX 反应堆作为中微子源，但实验不成功，1949 年庞蒂科夫离开后他就放弃了。后来查明，不成功的原因是反应堆产生的实际上不是电子中微子，而是电子反中微子——那时人们不知道这一事实。后继者是莱因斯和考恩。

莱因斯 - 考恩中微子实验

莱因斯青少年时代便抱有成为"一名非凡物理学家"的梦想，1944 年在纽约大学完成博士论文前他被招募进"曼哈顿计划"，战时和战后参与了原子弹试验。他的任务是从理论上阐释原子弹的爆炸效应，包括冲击波在空气中的传播机理。战后，参与"曼哈顿计划"的科学家纷纷离去，各奔前程。他仍留在洛斯阿拉莫斯实验室。他向上司申请研究假期，因为他需要一点时间来考虑他未来的研究方向。上司体谅他正面临事业上的一个转折点，同意了。据他后来回忆，他搬到一间光秃秃的房间，好几个月瞪着一本空白的本子，搜索值得他为之付出一生努力的课题。他终于想到，核弹产生巨大的中微子暴，这可为检测中微子提供充沛的粒子源。他想到，原子通过链式反应裂变时产生许多不稳定的核，它们依次通过 β 过程衰变，发射中微子。平均而言，每一裂变事件产生 6 个中微子，结果造成猛烈的中微子暴。核爆炸无疑发射大量中微子，问题是如何具体捕捉它们。

事有凑巧，1951年夏费米访问洛斯阿拉莫斯。莱因斯鼓起勇气去向这位大师请教。费米赞同莱因斯的想法，一枚核弹的确是一个巨大的中微子源，但对于怎样制作一个适当的检测器来捕捉这种粒子，费米也没有现成的答案。莱因斯颇感失望，只好暂时把他的梦想搁置起来。

不久后，莱因斯在一次邂逅中找到了日后在中微子实验中的搭档。在去往普林斯顿的途中，飞机因引擎故障中途降落在堪萨斯城机场。一位洛斯阿拉莫斯的同事考恩与他同路。考恩因其战争期间在雷达方面的工作获得过一枚青铜勋章，后依靠退伍教育福利完成了物理博士学位，是一位能干的实验物理学家。在等待飞机起飞的时间，两人决定共同研究一个富有挑战性的物理问题。莱因斯当即建议研究中微子，考恩同意了，两人握手为定。

核爆炸造成的中微子暴产生了大量电子反中微子，其中极少数会碰巧与原子核相互作用。如果找到一种适当的反应获得这种相互作用的证据，便等于捕获了中微子。费米理论也意味着另一种逆 β 衰变的可能性：一个反中微子，如果能量大于一个阈值（1.8MeV），可与核内一个质子反应产生一个中子和一个正电子：$p+\bar{v}_e \to n+e^+$（图3-1（b））。与 β 衰变将一个中子变为一个质子相反，这种反应将一个质子变为一个中子，故叫作 **β 正衰变**（普通自发的 β 衰变叫作 **β 负衰变**）。只要检测反应中产生的正电子，便可证明一个中微子事件。依照上述推理，他们需要的是一种记录正电子的方法。很幸运，那时已经发现了某些在带电粒子通过时发出闪烁（微细闪光）的有机液体（氯化镉溶液），其机理是一个正电子与闪烁液中的一个电子湮灭，产生 γ 射线。

莱因斯和考恩设计了一种中微子闪烁检测器。一个充满闪烁液的大容器，其内壁装有许多光电倍增管，可记录正电子引发的闪光。他们的中微子实验计划如下。把这个检测器悬挂在一个埋入地下的垂直轴筒的顶端，在距轴筒位置 40m 的一个塔上爆炸一颗 20t 的裂变炸弹。在爆炸产生的冲击波通过时，检测器将在真空的轴筒内自由下落，并于几秒后在一层缓冲垫上软着陆。检测器将记录爆炸产生的中微子引发的正电子事件。在几天后表面放射性已充分消失时他们回收检测器，搜集数据。这样一个看上去有点冒险——像是"一锤子买卖"——的计划竟然得到了洛斯阿拉莫斯实验室主任的批准。

当检测器开始施工时，有位同事向他们提出一个问题：如何区分真实的中微子事件与背景噪声，包括爆炸发出的其他辐射和宇宙辐射？这位同事建议他们弃用一次性爆炸，改用可控核反应堆作为中微子源。这一建议把莱因斯从因战争期间熟悉爆炸而形成的思维定式中解放出来。尽管反应堆每秒产生的中微子比一枚核弹少得多，其**通量**（每秒穿过每平方厘米的中微子数）仍可达数万亿，足以保证有效的中微子检测。比起核爆炸来，用反应堆作中微子源具有显著的优点：简单得多，实验可重复任意次，每次实验的时间也不受限制。

他们进一步想到，这种方法除了记录正电子，还可测量 β 正衰变产生的中子。如上所述，反应产生的正电子与闪烁液中的一个电子相撞，两者湮灭产生的 γ 射线（闪烁）被光电倍增管记录。与此同时，反应产生的中子在液体中蹒跚而行，直到最后被一个镉核所吸收，引起能量约 8MeV 的 γ 射线。按照他们的计算，中子的随机游走有一个 $5\mu s$ 的特征时间。这就是说，在正电子湮灭与中子吸收产生的两次 γ 射线事件间有一个精确的时延。如果实验记录到相隔 $5\mu s$ 的两次相继闪光，这就是一个中微子事件的确切信号,而随机发生的闪光便是由其他粒子引发的背景噪声。这就大大提高了辨识真实的中微子事件与背景噪声引起的假信号的能力。他们向费米报告了他们的计划,获得费米的支持和鼓励。

他们的实验选址在华盛顿汉福德的一座反应堆附近。1953 年,在充满激情和期待的夜以继日的奋战后,他们建起了一个盛有 300L 闪烁液的圆柱形容器,其内壁上分布着 90 个光电倍增管。厚厚的一层一层的石蜡、硼砂和铅包裹着容器,屏蔽来自反应堆的杂散中子和 γ 射线。

检测器在数月内第一次记录到了信号,但不像预期的那样清晰。他们发现,即使在反应堆关闭时检测器也检测到事件。后来他们发现,来自外层空间的宇宙射线粒子可引起难以识别的伪信号。但他们观察到反应堆开启时计数率较高,这表明至少是检测到了来自反应堆的中微子。他们发表的研究简报称,"看来,很可能是检测中微子的目标已经达到,虽然进一步的验证仍在进行中"[①]。

科学家对此保持审慎的乐观,但实验结果的消息在大众媒体中不胫而走,大报小报竞相报道精灵粒子"已被捕住"的消息。据说,在苏黎世的泡利得到消息时,他喜不自胜,和一群朋友登上附近一座俯瞰城市的山顶,在那里举行庆祝晚餐,然后醉醺醺地在两位朋友扶持下踉跄下山。

但莱因斯和考恩不满足于已有结果。他们知道,他们只抓住了"中微子的尾巴,他们的证据在法庭上不成立"。他们决定在南卡罗莱纳萨凡

---

① 事实上,要发生正 β 反应,中微子的能量须大于 1.8MeV 的阈值,故莱因斯的实验不能测量全部到来的反中微子的通量,只能检测其中能量超过此阈值的反中微子。这些中微子仅占反应堆产生的反中微子的 3%。

那（Reactor of Savannah River）河址[①]新落成的反应堆进行更灵敏的实验，这座反应堆比汉福德那座大多了，其中微子通量高达 $1.2 \times 10^{12}/(cm^2 \cdot s)$。在几位同事的帮助下，他们重新设计了实验，使其能够辨识真实中微子事件与宇宙射线粒子引起的伪信号。完成于 1955 年末的新装置重约 10t，位于核反应堆的地下室里，对反应堆产生的中子和宇宙射线具有良好的屏蔽。他们获得了 5 个月内反应堆打开和关闭的数百小时的数据。这些数据显示，反应堆打开时具有特征时延的闪烁比关闭时多 5 倍。到 1956 年夏，经大量试验和校核，团队确信他们已毫无疑问地检测到了中微子。1956 年 6 月莱因斯和考恩给泡利发了如下电报："我们很高兴地告知你，我们已确凿无疑地检测到了来自裂变碎片的中微子……"电报传到泡利手上时，他正在日内瓦开会。他中断了议程，高声宣读了电报的内容。

次日泡利给莱因斯和考恩回信。信中说："善待者所获必丰。"本性难移，除了泡利，还有谁能说出这样一句妙语？不知何故，莱因斯和考恩没有收到泡利的回函。幸好泡利档案里有该信的一份副本，附有他秘书的一张附条，表明它确已发出无误。据说泡利支付了香槟。泡利是幸运的，那一年他 56 岁，距他的天年仅两岁之遥。其时费米已过世两年，这是这个故事至此的一大缺憾。

泡利的中微子假设至此被证明为真。事后看来，我们或许以为，从能量守恒和爱因斯坦质能关系的观点看来，泡利的猜想似乎很自然。其实不然。20 世纪著名实验物理学家吴健雄说过："后代人看到中微子假设

[①] 萨凡那河谷（Savannah River Site），美国重要核基地，涉及核材料、核武器储存、核废料处理、环境保护等。

大为成功，但恐怕永远不能充分体会（在 1930 年）提出存在一个神秘粒子这样一个怪异概念的勇气和先见。"[1] 我们不得不承认，泡利是一位智者，更是一位勇者，中微子假设被认为是他继不相容原理后对物理学的第二大贡献。

泡利 1958 年 12 月 15 日死于胰腺癌。这位大师在其身后留下了丰厚的科学遗产。他的著述至今仍是科学文献中的经典，如他在 1925 年和 1933 年为《物理手册》(*Handbuck der Physik*) 所写的两篇综述被行家视为"旧约"和"新约"，其中后一篇给出了物理学家今日描述自然的新语言的定义性描述。泡利的数以千计的长信更是一个巨大的宝库。如今研究者发现，泡利的这些信中包含着量子力学、量子场论等许多开创性思想，有的甚至包含了其他学者后来获得的结果。这些信对同辈学者有重要影响，他们从中获得启发和指引。如他在 1926 年 12 月致海森伯的一封 12 页的信中以独特的方式暗示了不确定性原理，在另一封信中他甚至阐述了时间–能量不确定性[2]。泡利的许多精辟言论或可供人编写一本"泡利语录"。请听：

"我们大多数人在物理学中有望达到的顶多也不过是在更深层次上的误解。"

"我不在乎你思想慢，只怕你发表得比你想得快。"

---

[1] 转引自 Mark Bowen. The Telescope in the Ice[M]. New York: ST Martin's Press, 2017: 27.

[2] 泡利与海森伯在量子力学发展的关键几年（1925—1927）中的通信是泡利书信中最重要的一部分，现存海森伯致泡利的信 34 封，而泡利致海森伯的数十封信中仅存 3 封，其余不知去向，有说毁于一场火灾，有说海森伯战后（1945 年）被英军拘捕时被搜走。但即使从海森伯的信中也足可看出海森伯的许多工作都受到泡利的启发和提示。海森伯本人在后来的回忆中没有提到这一点。

"梦想着后退，回到牛顿 – 麦克斯韦的经典风格（这些正是这些绅士自己想要放弃的梦）对我来说似乎是没有希望的，不着边际、没有品位。我们还可以加上，那甚至不是一个美丽的梦。"

……

由于发现泡利不相容原理，提出中微子假设和 CPT 定理（见第 8 章），又由于在发现量子力学基本原理包括波函数诠释、不确定性原理等所起的作用，泡利被认为是量子力学发展中最重要的人物。1969 年，在泡利去世后 11 年玻恩如此评价泡利："自从他在哥廷根做我助手时，我就知道他是一位天才，堪与爱因斯坦比肩。作为一名物理学家，他或许比爱因斯坦更伟大。但他是一个完全不同类型的人，在我看来，他没有达到爱因斯坦的伟大。"

曾对中微子检测作出悲观估计的理论物理学家贝蒂，在听到成功检测中微子的消息时作出的反应堪与泡利媲美，他说："唔，你不应相信在论文中读到的一切。"

莱因斯和考恩第一次用实验证明了中微子的存在，树立了中微子研究的一座里程碑。他们的工作对后来的中微子检测产生了重要影响。

后来莱因斯和考恩各奔前程。莱因斯继续从事中微子检测研究，在南非建造过一个很大的中微子实验装置，但结果不见于大多数记载。学界对莱因斯的评价甚高，唯一的讥评是他竞争心太强，甚至不肯与自己的学生分享他的创意。他是一位歌喉深沉的男中音歌手，工作之余，不辍其钟爱的歌唱艺术，曾参与著名的罗伯特·肖合唱团的演出。

泡利那句话可说是一语成谶。诺贝尔奖委员会不知为什么用了 40 年才承认中微子的发现，莱因斯与另一位科学家分享了 1995 年诺贝尔物理学奖。考恩没等到那一天，他已过世21年。

戴维斯-巴考尔实验：检测太阳中微子

20世纪50年代并非只有莱因斯和考恩追踪中微子。耶鲁出身的物理化学家戴维斯（1914—2006）也热衷于追寻它们的踪迹。在耶鲁大学完成博士学业后，戴维斯战时参军，从事放射性化学方面的工作，战后加入1948年成立的美国布鲁克海文国家实验室。

据戴维斯回忆，初到实验室时，他问上司他该做些什么，"让我惊讶和欣喜的是，上司告诉我到图书馆去找有趣的事来做"。他就这么碰到了一篇关于中微子的综述文章。读过后，他知道科学家对这种神秘的粒子尚一无所知，尽管有泡利、费米和庞蒂科夫的先驱性工作。中微子的实验研究大有可为。庞蒂科夫氯检测器的建议让他着迷。他相信，他在放射性化学上的知识使他能够接受这一挑战。从这一天开始，追踪中微子成了他毕生追求。

戴维斯依照庞蒂科夫指出的路径走。作为一名放射化学家，他知道氩是惰性气体，容易用化学方法从大量的氯中分离出来；氯检测器中产生的是放射性氩，以35天的半衰期变回氯。他也知道放射性通过电离分子产生电信号，由此可检测放射性。

在第一次实验中，他在布鲁克海文的研究用小核反应堆边上设置了一个盛有3800L干洗液（碳四氯物）大罐。他把放射性氩的产生率表示为高度和地下深度的函数，然后比较反应堆工作和关闭时放射性氩产生率的差别。结果没有发现差别——没有检测到中微子。1955年戴维斯再次试验。这一次在南卡罗莱纳萨凡那（莱因斯和考恩做实验的同一地点）

大得多的反应堆旁建更大的装置，结果再次空手而归。实际上，他是在重复上面提到的法国物理学家盖隆1948年实验的错误——当时他似乎不知道有过这个实验。不过他的结果第一次证明，中微子与反应堆产生的反中微子是不同的粒子。

在戴维斯失败的次年，传来了莱因斯和考恩成功检测到中微子的消息。但戴维斯不改初衷。既然这种粒子已被证明存在，他决定改变目标，追踪太阳内部核反应产生的中微子。

戴维斯的太阳中微子检测是一次漫长的艰辛曲折之旅，也是一则科学家坚韧不拔、百折不挠追求科学目标的动人故事。

天体物理学家对太阳产生能量的机理已探索数十年。1920年英国著名天文学家爱丁顿[①]认识到，太阳的能量是太阳内部核反应的产物。他根据氦原子的质量比四个氢原子加在一起小1/120这一事实（他的一位剑桥同事的发现）指出，太阳核心内四个氢核聚合成一个氦核时产生的小质量差可按爱因斯坦的质能方程 $E=mc^2$ 转变为能量。这是爱丁顿的睿智之见。进一步揭开太阳核引擎的详细机理的任务留待后来者，理论物理学家贝蒂。

贝蒂（1906—2005）是出生于德国的犹太-美国物理学家，自幼就是人们所说的"天才"。他不到四岁就迷上了数，十四岁自学微积分。他从小就会写作，故事写满了许多小本子，但养成一种怪异的习惯，他书写起来一行从左到右，下一行从右到左。天才总是异于常人。贝蒂在法

[①] 亚瑟·爱丁顿（Arthur Eddington, 1882—1944），英国物理学家、天文学家、数学家、科学哲学家，也从事科学普及活动。最著名的成就是1919年5月29日的一次日食观察远征，首次证明爱因斯坦广义相对论的一个预测——大质量的存在可使光路径弯曲，还有（经典）爱丁顿极限（平衡状态下恒星的最大光度）。

中微子：物理学中的不可承受之轻

兰克福大学读了两年，然后到慕尼黑师从索末菲。贝蒂完成博士论文的次年到意大利跟随他向往的费米工作，似乎学会了老师的"信封背面估计法"。

1932年贝蒂回到德国担任一个教职，但一年后因其犹太血统失去了这个职位，那时希特勒的排犹法禁止犹太人持有政府职位。贝蒂出走到美国，成为康奈尔大学教授，继续从事核物理研究。

1938年初贝蒂和克里奇菲尔德一起研究今日所称"p-p 链"（p-p 表示质子－质子）的核反应链。这种反应链是恒星将氢变为氦并释放能量的一种可能方式。简单地说，p-p 链是一个核链式反应，它将四个氢核（质子）变为一个氦－4核，同时发射光子（能量）、正电子和电子中微子。图3-2（a）是 p-p 链反应（分支1）的示意图。正电子与电子互相湮灭，

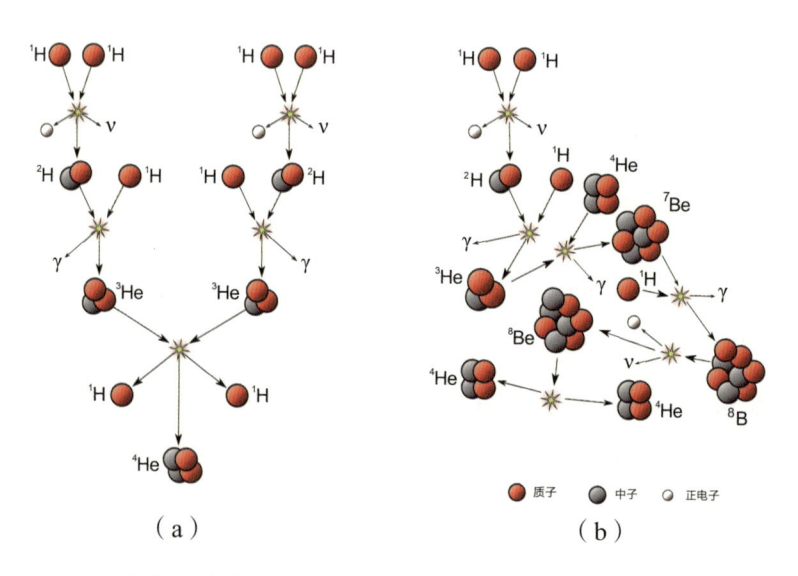

图 3-2　p-p 链分支1（a）和分支3（b）；图中 ν 表示中微子，γ 为伽马射线

由此产生的高能 γ 射线光子向外弹射，穿过太阳各层到达太阳表面。这时候这些光子已失去了大量能量，变为可见光。而中微子却不受阻碍地从太阳引力逃脱，以接近光速运动，仅用 8min 就到达地球。重要的是，太阳发射的是电子中微子。

依照当时天体物理学家给出的太阳内部温度的最新估计，p-p 链给出的太阳能量产生速率与实际值相符。贝蒂还进一步考虑恒星内将氢变为氦的所有可能路径，结果发现了另一种链式反应。这种称为 CNO（碳－氮－氧）循环的反应环是：一个碳原子从吸收一系列质子（氢核）开始，先变为氮，再变为氧，氧发射一个氦核并变回碳。这是将氢变为氦同时释出能量的一种方式，碳起催化剂的作用。形成 CNO 循环的核反应也产生中微子（图 3-3）。但 CNO 循环需要高于 $2 \times 10^7 ℃$ 才能工作，故它

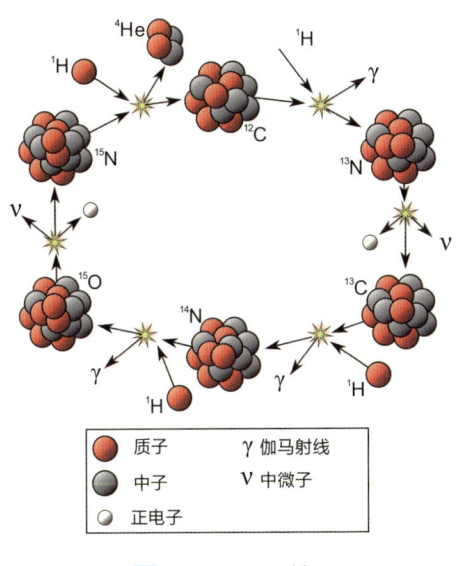

图 3-3　CNO 循环

描述的是比太阳更重和更热的恒星的能量产生。贝蒂得出结论，大恒星以 CNO 循环产生能量，而像太阳这样比较小的恒星依靠 p-p 链。贝蒂因其恒星核反应的工作获 1967 年诺贝尔物理学奖。他是每十年发表一篇重要论文的少数物理学家之一，进入 90 岁高龄仍探求不息。

依照贝蒂的理论，太阳是巨大的中微子源，故检测来自太阳的中微子可检验他的理论。但贝蒂本人没有提到这一点，大概是因为那时中微子是否存在还是一个悬案。是戴维斯首先想到，如果能够捕捉来自太阳的中微子，不就等于窥探它的心脏吗？

戴维斯用他在布鲁克海文的实验装置搜索太阳中微子，但 p-p 聚变过程产生的中微子的能量只达到可与氯检测器发生作用的一半。对于这些中微子来说，检测器是盲的。不过，那时对于 CNO 循环在太阳燃烧机理中起什么作用也尚无定论。

1955 年，他将他的 3800L 检测器埋入地下 600m 深处以降低来自宇宙射线的本底。数星期后他没有发现来自太阳中微子的任何证据。他由此得出结论，如果太阳能量来自 CNO 循环，检测不到中微子意味着每秒到达地球的太阳中微子的数目不超过一个小数。这个结论很难被同行接受。他的论文的一位评阅人批道，"人们不会写一篇科学论文来描述一个这样的实验：一位实验者站在一座山上伸手向月，作出结论说月亮距山顶八英尺之外"。

怀疑没有阻止顽强的戴维斯。时至 1958 年，人们在 p-p 循环上有了新发现。如果反应从质子开始，循环就如前所述。但太阳进行 p-p 循环已 50 亿年，由于积聚了许多氦-4，每隔一段时间链的第三步以不同的方式进行，这就产生了 p-p 链的一条分支（分支 3），如图 3-2（b）所示。我们看到，不是两个氦-3合成一个氦-4，而是一个氦-3与一个氦-4形成一个铍-7。铍-7可与一个质子聚合而为硼-8，它不稳定并通过发射一个正电子和一个电子中微子衰变为铍-8；这个中微子具有的能量足以与氯发生作用。

可是起初的估计仍不乐观，因为这种反应的发生频率很低，一万个太阳中微子中只有一个来自这种反应。不久传来了好消息。华盛顿海军实验室的两位科学家在实验中发现，上述反应的发生频率比原来猜想的高出千倍。两位天体物理学家，加州理工学院的富勒尔和其时在加拿大查克河实验室的卡麦隆，意识到这一发现对太阳中微子检测的重要性，及时将这一发现告知戴维斯。

受此鼓舞，戴维斯决定在1959年末再次搜索太阳中微子。为了避免重蹈上一次难以区分真假信号的覆辙，这一回他把实验设置于俄亥俄州地下700m深的巴比顿石灰石矿内，以提高对宇宙射线干扰的屏蔽。他预计每日可记录几个来自太阳的中微子，结果却再次失望，数据中不见有太阳中微子的踪影。原因很快揭晓：上述铍-7与一个质子融合为硼-8这一步很难发生。这意味着每秒来自太阳的高能中微子太少，故实验检测不到。戴维斯知难而进，他要把检测器扩大1000倍，达到约奥林匹克泳池的体积，因而更为灵敏，还要埋得更深，以期有更好的屏蔽。

这时候年轻的理论物理学家巴考尔（1934—2005）加入进来。巴考尔出生于路易斯安那州，中学时喜爱网球，也有辩论天赋。毕业后入州立大学学哲学。他的志向是当一名拉比（拉比是犹太人中的一个特别阶层，是老师也是智者的象征），从未梦想要做科学家。一年后他转入伯克利加州大学，仍攻哲学。按学校规定，必须修一门科学课程才能毕业。他选了物理，谁知从此爱上了这门科学。1960年富勒尔在评审巴考尔的一篇关于自由电子捕获的短文时发现他是个人才，于是他就做了一回伯乐，邀请他到加州理工学院与其一道工作，并不失时机地将巴考尔介绍给戴维斯。戴维斯随即致信巴考尔，请他帮助计算太阳核过程的速率。巴考尔乐于效劳，从此开始了两人的亲密合作。

巴考尔完成了第一次计算，结果并不令人鼓舞。3800L的检测液每100天才捕获一个中微子。一个大100倍的检测器也只能一天捕获一个中微子。1963年夏，巴考尔访问哥本哈根尼尔斯·玻尔研究所。在报告他们的实验计划时，丹麦科学家莫特尔森[①]——一位未来的诺贝尔奖获得者——眼光犀利，立刻向他指出，太阳中微子具有的能量可使氯检测机理向有利于检测的方向变化。巴考尔据此计算，结果发现检测效率可提高20倍。

现在，有了每天捕获20个太阳中微子的希望，戴维斯就有了建造一个更大检测器的理由。他决心建造一台400000L的检测器，而且要建造在地下至少1200m深处。已有的经验使他相信，建造这么大一台合乎实验苛刻要求的检测器是可行的。他也有信心从这样大量的检测液中检出几个氩原子。这听上去像是天方夜谭，几乎没有人认为他会成功。

1963年，戴维斯与一位同事开始为他们的实验选址，并几经周折确定了爱达荷的一个叫阳光矿的银矿。这个矿有1640m深，岩石强度适于开穴，价格也可以接受。同年底巴考尔和戴维斯在纽约的恒星演化国际

[①] 本·莫特尔森（Ben Mottelson, 1926—），丹麦物理学家，与奥格·玻尔（Aage Bohr，尼尔斯·玻尔的儿子）和美国人詹姆斯·雷恩沃特（James Rainwater）因发现原子核内粒子运动与集体运动的联系并据此发展原子核结构理论共享1975年诺贝尔物理学奖；与奥格·玻尔合著两卷本《核结构》(Nuclear Structure)。

会议上宣读了他们的计划。与会者反应冷淡。会议的闭幕词中竟对此不着一词。但两人不为所动，相信他们的实验计划可行。对于他们来说，现在万事俱备只欠东风，只要有钱便可着手实施了。他们向布鲁克海文国家实验室寻求支持，终于说服了对天文学家的计算能力抱有偏见的实验室主任古德哈贝尔为实验出资。

为了进一步推动他们的计划，戴维斯和巴考尔各写了一篇论文，同时发表在 1964 年 3 月的 *Physical Review Letters* 上。戴维斯的论文描述了他们的实验，巴考尔介绍了实验的理论依据。戴维斯在论文中报告了已经进行的实验结果，并描述了实验的一些令人惊异的细节。庞蒂科夫在列宁格勒召开了一次专题研讨会，讨论戴维斯和巴考尔的论文，与会者对他们的实验饶有兴趣，但没有人相信他们会成功——除了庞蒂科夫。

他们的努力开始引起大众媒体的关注，《时代》杂志报道了他们的实验计划。这果然起到了意想不到的宣传效果。他们的计划受到了各方面的注意。南达科他州的霍姆斯塔克矿提出了比阳光矿更低的价格和更有利的条件。曾制造过空间飞船密封舱的芝加哥桥铁公司对制造普通容器本不感兴趣，现在也热情表示愿意支持这项不寻常的科学探索。实验最后选址在霍姆斯塔克。工程始于 1965 年春，一切进展顺利。到 1966 年秋，实验准备就绪。总耗资 60 万美元——照戴维斯的说法，不过 10min 的电视广告费。

现在实验已准备就绪，问题是：实验预期可捕获多少中微子？巴考尔已为此问题耗费了整整四年的心血，对检测器可望捕获多少太阳中微子一次次给出了越来越准确的估计。这是一项复杂且困难的工作。他将太阳内部特性如化学构成、温度、密度和压力等数据代入太阳核反应的各种模型，计算太阳每秒发射的中微子的数目和能量。结果是，每秒有 660 亿个中微子通过每平方厘米的地球表面（即太阳中微子通量为每秒每平方厘米 660 亿）。这些中微子产生于不同的方式，具有不同的能量，其中约总数的万分之一由放射性硼 -8 的衰变产生，只有这些中微子的能量超过氯检测器的检测阈值。他又利用费米 β 衰变理论计算一个这种中微子与任意一个氯原子相互作用的概率。由这个概率和这种太阳中微子的通量，可以计算出每秒与 400000L 检测器的约 2×10^{30} 个原子作用的概率，由此得出检测器一天可捕获多少个中微子的估计。巴考尔对太阳中微子捕获率的计算十分准确，后来 20 年中，无论巴考尔本人还是其他人的计算都没有改变这个结果，只是收窄了不确定性。

巴考尔给出的最后估计是：每周检测到的中微子可产生数打氩原子。戴维斯有信心检测到几乎所有这些氩原子，但他对此保持谦逊。他的工作需要极度细心和异乎寻常的耐心。戴维斯需要经过几个复杂精细的步骤才能选出他的矿藏：在等待中微子作用产生氩原子数星期后，用气态氦冲刷储罐，氦把氩带到一个冷却的木炭捕捉器内；氩在捕捉器内的低温下凝固，然后加热捕捉器使氩以气态释放出，搜集它，并用化学方法清除其他任何放射性元素从而纯化它，得到的气体样本约有一块方糖那么大，其中包含常态氩和中微子作用产生的少量氩 -37 原子；最后用盖革计数器测量放射性氩的原子数，结果揭示来自太阳的高能中微子的数目。想想看，在包含总共约 2×10^{30} 个原子的容器内选出几个特殊的原子是一项多么惊人的成就！正如巴考尔所形容的："作为一名非化学家，我对他的任务之艰巨和他所能达到的精度感到敬畏……他能够发现并检出容器内可能因捕获太阳中微子而产生的数十个放射性氩原子。比起这个来，麦垛中寻针似乎是易事了。"

经过两年的数据搜集，1968年戴维斯在加州理工学院的一次会议上宣布他的第一批实验结果。他宣布检测到了太阳中微子，但其数量仅有巴考尔计算预测的三分之一。第一次检测到太阳中微子是一项科学壮举，让人们第一次得以窥探一颗恒星星核的秘密。但预测与测量的巨大差异使其被笼罩在怀疑和猜测的阴影中。

看客们都乐于寻找魔术师的破绽。

首当其冲的当然是戴维斯实验的可靠性。你怎么知道检测到的是太阳中微子？或许检出的氩是由于外界含氩的空气漏入？再说，你怎么能够从这么大一个容器中选出几个氩原子呢？简直不可思议！富勒尔想出一个法子考验戴维斯。他挑战戴维斯，敢不敢在液体中注入500个放射性氩原子、搅匀，然后将它们全部回收。

巴考尔的太阳模型当然也难逃怀疑。年轻的天体物理学家在会议上背负压力，显得忧心忡忡。但他受到与会的传奇物理学家费曼（我们在第1章中提到过他）的鼓励。他邀请巴考尔一起散步，对巴考尔说："……你没有任何理由感到沮丧……没有人发现你的计算有什么错误。我不知道戴维斯的结果为何与你的计算不符，但你不应气馁，或许你做了重要的事……"

戴维斯接受并成功回应了富勒尔的挑战：他收回了每一个氩原子。现在他的实验无可挑剔。于是怀疑集中到巴考尔的模型上来。有人认为，检测到几个太阳中微子或许不过是统计侥幸——从概率论来看，这是可能的，掷一枚硬币的试验连着好几次碰上正面的事不是没有。为了回应这些问题和进一步提高可靠性，戴维斯极尽努力，改进检测方法以便能更好地区分真正的中微子事件与不相关的背景噪声。同时，巴考尔也用最新的核反应实验室测量改进他的太阳模型。然而所有这一切努力都归于徒然，多年来采集的数据改变不了这一基本事实：理论预测与观察存在巨大差异。

到 20 世纪 70 年代，戴维斯实验的可信度已被大多数科学家所接受。事实上这个实验仍是当时唯一的太阳中微子实验。巴考尔的太阳模型或可存疑，但也没有替代者。然而太阳中微子缺失的问题迟迟得不到解决，这就形成了所谓**太阳中微子问题**。

第 4 章
中微子震荡

戴维斯已极尽努力全面改进他的实验，巴考尔也不懈地用最新的数据和模型改进他的计算。到 20 世纪 70 年代末，随着越来越多的科学家考查了戴维斯和巴考尔的工作，大多数科学家逐渐达成共识：戴维斯的实验无懈可击，巴考尔的计算也很可靠。尽管如此，实验与理论的显著差别让科学家感到不安。

在试图寻找谜底中，理论家都把目光集中到了太阳上。的确，太阳内部模型似乎更有可怀疑和想象的余地。人们纷纷提出各种批评和建议。有人建议调整标准的太阳模型，如改变重元素的丰度，提高星核的旋转速率，加入磁场效应等。特别是，巴考尔的中微子通量估计高度依赖太阳星核内的温度；10% 的温度降低可解释太阳中微子的缺失。这种推测引起了一时骇人听闻的危论：太阳还在照耀吗？地球上的能量危机正在到来！巴考尔又成了众矢之的。巴考尔本人也如身背重负，直到 20 世纪 80 年代末才有所释怀，在那时新出现的太阳地震学中，第一批太阳震动测量的结果与他模型的预测相符，使他增强了对自己模型的信心。

种种猜想和怀疑并没有在中微子物理上留下什么痕迹，它们很快就烟消云散了。给太阳中微子问题投下第一道曙光的是庞蒂科夫。事实上，1968 年庞蒂科夫已基本上解决了这个问题。这是他历经十多年考虑得出的结果：中微子在其从太阳到地球的途中可能改变类型或味——物理学家称不同的夸克或中微子类型为不同的味。

电子、缪、陶：三个中微子

我们在第 1 章中已介绍了缪轻子。缪是基本费米子之一，具有与电子相等的电荷和自旋，质量比电子大约 200 倍。缪与缪中微子构成第二轻子代。缪不稳定，在约 2×10^{-6}s 的时间内通过弱相互作用衰变为一个电子、一个 μ 中微子（$\bar{v}_\mu$）和一个电子反中微子（$\bar{v}_e$）（$\mu^- \rightarrow e^- + v_\mu + \bar{v}_e$）（见第 1 章）。但得到上面这些知识，从 1936 年发现缪到 1960 年实验证明缪中微子的存在，用了 20 多年，还产生了一个诺贝尔奖。让我们简要补叙这个故事。1936 年安德森和南德梅耶尔在用云室研究宇宙辐射中，发现有种粒子在磁场中的轨道与电子向同样的方向弯曲，但没有弯得同样速率的电子那么多，又与质子的弯曲方向相反并且弯得较少。他们由此推断这种粒子具有与电子一样的电荷，质量在电子和质子之间。他们称这种新粒子为"介子"——因为它的质量介于电子和核子（质子和中子）之间，一度被称为缪介子。缪的存在于 1937 年经斯屈里特和斯蒂文森进一步证实。今天我们知道，缪其实不是后来所定义的介子——不像重子和强子那样由夸克构成，也不参与强相互作用，而是一个带电轻子，属于基本物质粒子。缪介子这个名称已属历史，如今它叫缪。

在发现缪的年代，为了解释原子核内受电斥力彼此排斥的质子却能构成稳定的核，物理学家设想在质子或中子靠得很近时受到一种压倒电斥力的"强核"力的吸引，这种力以某种（些）粒子为媒介在核子间作用，他们期待发现这样一个粒子。发现缪之初，人们以为它就是他们盼望的粒子。后来发现它并没有他们所期望的性质，缪看来不过是一个较重的电子，与核没有什么关系，所以有美国物理学家 I. 拉比[①]的著名一问："谁订购了它？"到了1947年，英国人鲍威尔才发现了期待中的那个粒子——π介子。π[②]不稳定，半衰期约为2ns，衰变为缪和中微子。今天我们知道，π介子是媒介核子间强核力残余力的虚粒子之一。

缪也不稳定。今天我们知道缪衰变过程，那时人们不知道。他们只观察到缪变为一个电子。因为缪和电子具有相同的电荷和自旋，缪衰变为一个电子的过程满足电荷和角动量守恒的要求。但缪的质能大于电子，那么多余的能量哪里去了？人们猜想那只能是被电中性的γ辐射带走了，故 $\mu \to e + \gamma$。可是实验没有发现这种情形发生的证据。费米和他的一名犹太裔弟子斯坦伯格开始认识到，缪衰变可能产生3个粒子：电子和另外两个粒子。如果是这种情形，电子的能量可取一个范围内的值。这听上去与β衰变的情形相像。斯坦伯格用实验检验他们的想法，于1948年夏得出结论：缪衰变为一个电子和另外两个粒子，这两个粒子应当没有电荷，质量很小（如果有的话），它们的自旋（如果有的话）相等而相反。这些性质听上去像是属于两个逃脱检测的中微子。

到了1958年，电子中微子已经发现，费米的β衰变理论也有了进一步的发展，这包括β衰变中弱相互作用的更准确的描述和宇称不守恒（见第6章）修正。β衰变是一个弱相互作用过程，衰变核内的一个中子在

[①] 伊西多·艾萨克·拉比（Isidor Isaac Rabi, 1888—1988），因发现核磁共振获1944年诺贝尔物理学奖，也是美国应用于微波雷达和微波炉的空腔磁控管的最先研究者之一。

[②] π介子是最轻的重子（由一个夸克和一个反夸克构成），有中性、带正电和带负电三种，π^0、π^+ 和 π^-。它们都不稳定。带电π的半衰期为 2.6×10^{-8}s，最常衰变为μ和中微子。中性π更快衰变为γ射线。

弱力作用下变为一个质子，同时发射一个电子和一个电子反中微子。现在我们可将图2-3（b）升级到图4-1的费曼图。此图表示，中子内的一个下夸克发射一个W⁻玻色子，变为一个上夸克，结果中子变为质子；然后W⁻玻色子衰变为一个电子和一个电子反中微子。美国物理学家费因伯格指出，如果缪以弱力玻色子为媒介衰变为一个电子和两个中微子，每1万次衰变中应有一次衰变为一个电子和一个光子。但在那时已有的数亿次缪衰变记录中没有一次是这种情形。费因伯格预测中的两个中微子都是电子中微子——那时人们只知有电子中微子。预测与观察的不符给出了这两个中微子或许不是同一类粒子的第一个重要提示。

庞蒂科夫在加拿大和英国期间，在设计反应堆的同时研究缪衰变和中微子不辍，到苏联后继续致力于中微子研究。他考虑所有的证据，首先指出缪并不简单地是一个较重的电子，而是一个独立的粒子，有其自

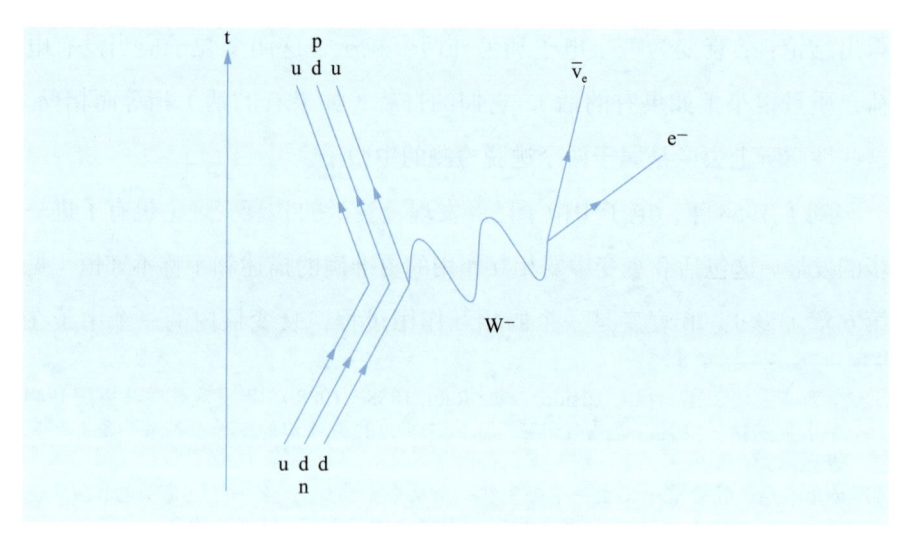

图 4-1　β衰变的费曼图

己的独特性质。他认为,如果缪是一个独立于电子的粒子,那么从对称的观点看来,应该存在一个与之相关的带有缪印记的中微子,如同电子中微子带有电子的印记那样。他相信只要能得到高能中微子,就可检验这一点。他建议的具体方法是,在加速器中用高能质子束轰击靶,产生高能 π 介子,它们衰变为缪和中微子;用一堵厚重的钢屏吸收缪,而中微子穿过屏与一个大检测器相遇,有很小但有限的概率与检测器内的原子作用,拾取电荷,变为电子或缪。如果中微子都一样,检测到的电子与缪应大体一样多;如果检测到的全是缪,则缪中微子与电子中微子各为独立的粒子。庞蒂科夫在其 1959 年发表于苏联的一篇论文中阐述了这些见解。沿用至今的两个中微子符号 v_e(电子中微子)和 v_μ(μ 中微子)就是庞蒂科夫在这篇论文中引入的。可惜这篇论文到 1960 年才被译成英文。(图 4-2)

图 4-2　布鲁诺·庞蒂科夫

1960年夏，在美国，M. 施瓦兹、莱德曼、斯坦伯格、李政道和杨振宁也得到了与庞蒂科夫同样的结论。M. 施瓦兹、莱德曼和斯坦伯格在布鲁克海文实验室的加速器上实现了与庞蒂科夫建议类似的实验，结果在 10^{14} 个 π 介子衰变产生的中微子中有 51 个与铝靶作用，拾取电荷，它们全都变为缪，没有一个是电子。由此证明电子与缪各有与其结伴的中微子，缪中微子与电子中微子是具有不同身份的粒子。这一发现具有重要意义，它第一次预示了物质以代的形式重复出现：

$$\begin{pmatrix} v_e \\ e \end{pmatrix} \quad \begin{pmatrix} v_\mu \\ \mu \end{pmatrix}$$

28 年后三位科学家被授予 1988 年诺贝尔物理学奖，他们的工作为建立轻子代结构模式奠定了基础，也开启了利用高能中微子束探测弱相互作用的先例。但我们知道，庞蒂科夫是这一切的先知。罗马阿克托里可墓园庞蒂科夫墓（按照他生前意愿，他的一半骨灰葬于罗马，另一半葬于俄罗斯杜布纳）的墓碑上镌刻有 $v_e \neq v_\mu$ 字样。

1976 年美国物理学家佩尔及其同事在斯坦福直线加速器中心（SLAC）发现陶轻子。为此发现作了理论准备的是华裔物理学家蔡永苏，他在 1971 年预测了这个粒子的存在。1973 年日本理论家小林诚和利川敏康也从物质和反物质不对称的考虑预测第三代物质的存在。陶具有与电子相同的性质——具有电荷 -1 和自旋 1/2。陶虽是轻子，可一点不轻，其质量几乎是质子的两倍！陶不稳定，以 2.9×10^{-13} s 的半衰期衰变为一个缪或电子及其他粒子。佩尔因发现陶与莱因斯分享 1995 年诺贝尔物理学奖。当然，发现了陶，陶中微子可期。捕捉陶中微子原理上与上述发现缪中微子的方法类似，但陶很重且衰变更快，故实现起来极为困难。2000 年 8 月陶中微子最后在费米实验室被捕获。陶中微子是我们今天所知基本费米子中最后发现的一个粒子。它的发现为表 1-1 所示的 3 个物质代画上了句号。如今我们共有 3 个独立的轻子代：e、μ、τ 和它们各自的搭档 v_e、v_μ、v_τ。

中微子震荡

1969 年，也即在戴维斯首次报告太阳中微子缺失后一年，庞蒂科夫和俄国同事格里波夫在一篇题为《中微子天文学与轻子电荷》的著名论文中指出，中微子可能具有变色龙般的性质：以特定的味产生和开始传播的中微子，在传播途中可变为另一种味的中微子。比如，某个源发射的电子中微子在通过空间传播时可变为缪中微子。确切些说，如果你在某处检测这些中微子，你有一定的概率捕捉到电子中微子，也有一定的概率捕捉到缪中微子，概率的大小随传播距离而异。同样，缪中微子也可变为电子中微子。这种现象叫作**中微子震荡**。中微子震荡的概念基础始于庞蒂科夫 1957 年的一篇论文，1962 年三位日本物理学家真希、中川、酒田和 1967 年庞蒂科夫相继给出中微子震荡的定量描述，经 12 年才有上述格里波夫 – 庞蒂科夫论文。

中微子震荡是一种奇特的量子力学现象。要理解这种现象，先要摒弃中微子无质量的假设。假设 3 个中微子味（v_e，v_μ，v_τ）各具非零但非常微小的质量，它们的质量差也非常小。这是中微子震荡这种量子效应可在宏观距离上观察的基本条件。为了简单起见，让我们假设只有电子和缪两种中微子味 v_e 和 v_μ。依照量子力学的奇特理论，一个电子中微子在其产生时必定是处于一种两个质量的组合状态。同样，一个缪中微子是在这两个质量的另一个不同的组合状态。反之，一个具有确定质量的中微子是一个电子中微子与一个缪中微子的混合。

量子力学告诉我们，物质可用波来描述，一个传播中的电子中微子的行为需用物质波来描述。如上所述，一个电子中微子是两个质量分量的组合，故当一个电子中微子产生并开始传播时，它的波是两个质量所对应的两个物质波的组合。因为两个质量不同——动量不同，两个对应的波分量的频率不同，它们在传播途中产生经典的波动现象——互相干涉。当两物质波分量在传播中不规则地相加或相消时，有时其中一个分量占绝对优势，有时另一个分量占绝对优势，这时初始具有混合质量的纯电子中微子就变为一个具有纯质量的中微子（具有 v_e 与 v_μ 的混合性质）。有时，两物质波分量的组合变得十分接近缪中微子的组合物质波，这时原来的电子中微子就变为缪中微子。有时，两物质波分量又变回原来的组合，缪中微子又变回到电子中微子。这就是中微子震荡。只要两物质波分量在传播中保持它们在出发时的相对关系（"量子力学状态相干"），震荡就会持续。因为质量差非常小，相应的波分量的频率差也非常小，相干可以保持很长的距离，使我们可在宏观距离上观察到中微子震荡现象。3 个中微子味的震荡更加复杂，但原理上一样。

中微子震荡原理上可以回答太阳中微子问题。假设我们用一台理想的检测器——它能够检测所有 3 种味的中微子——来检测来自太阳的中微子。由于太阳产生的电子中微子在从太阳传播到检测器途中震荡，我们的检测器有时检测到电子中微子，有时检测到缪中微子，有时又检测到陶中微子。等到检测到足够多的中微子，我们发现检测到的各种味有一定的比例（有赖于中微子震荡的详细机理）。可是戴维斯的检测器只能捕捉电子中微子，对于缪和陶中微子是"盲子"，它只能检测到来自太阳的中微子中仍保持为电子中微子的那一部分,故相对于巴考尔的预测产生了"赤字"。

尽管如此,中微子震荡理论在20世纪60年代太激进了。当时大多数物理学家相信中微子像光子一样没有质量,以光速传播,故不可能在味间震荡。事实上,在现代粒子物理学描述物质相互作用的**标准模型**中,中微子被赋予零质量。(标准模型有许多需要人工输入的参数,所谓"赋予"就是根据实验观察设定这些模型本身不能给出的参数值。)由于标准模型在描述亚原子世界上具有所有其他科学都艳羡但难以企及的精度,人们不敢贸然怀疑这种"赋予"。再说,中微子震荡还只是一个理论概念,只有严格的实验观察才能说服铁石心肠的科学家。即使事后看来,戴维斯的霍姆斯塔克实验事实上已经提供了太阳中微子震荡的第一个证据,但当时还是独家证据,尚待其他独立证据的支持。

1985年,两位理论物理学家米克赫耶夫和斯米尔诺夫发现,由于物质内电子的存在,中微子在物质内传播时改变了能量,结果物质内中微子的震荡与真空中不同,且因物质密度的变化而异。他们的分析表明,如果在中微子传播途中物质密度缓慢降低,中微子震荡将会增强,好像中微子震荡与物质密度的变化发生了"谐振"。因为他们的发现受美国人沃尔芬斯坦工作的启发,这种效应叫作MSW(米克赫耶夫-斯米尔诺夫-沃尔芬斯坦)**效应或密度效应**。这种效应对太阳中微子震荡的含义是,太阳具有巨大的电子密度,中微子从太阳星核向外走时,随着物质密度的降低其震荡不断增强,到太阳表面时变得十分强烈。

但米克赫耶夫和斯米尔诺夫的工作被承认也是一个小人物受压制的故事。两人先把他们的结果寄给首先认识到物质内中微子震荡参数变化的沃尔芬斯坦，可是这位出名的谦谦君子却不相信他们。他们又把他们的工作投寄给苏联刊物，同样被拒。后来这篇论文才发表在一本意大利刊物上。接着，在芬兰的一次国际讨论会上斯米尔诺夫试图报告他们的发现，但会议组织者不予安排时间。斯米尔诺夫只好把他们的工作交给弱相互作用研究名家、意大利物理学家卡比博过目，后者马上看出这个结果的重要性，立即为他们的报告争取到一小段时间。

MSW效应增强了中微子震荡理论的可信度。到20世纪90年代初，物理学家开始认真对待中微子震荡。

中微子震荡实验

20世纪80年代初以前，戴维斯的氯检测器实验仍是世界上唯一的太阳中微子实验。要解决太阳中微子问题，显然要求新的中微子实验。尽管这种实验的规模和难度让人们视为畏途，太阳中微子问题显示了中微子物理这一科学矿藏的潜在丰度，驱动世界上许多中微子实验的兴起。这些实验旨在揭示这种神秘粒子的性质，由此解开太阳中微子之谜。让我们叙述主要的实验及其给出的结果。

日本神冈检测器　20世纪80年代中期，日本物理学家小柴昌俊在东京以西约240km的神冈做了一个实验。这个实验的目的是检测质子衰变。质子会衰变吗？这也是粒子物理和宇宙学中一个重要和有趣的问题。

第1章中曾讲过，所有强子和重子都不稳定，只有中子比较稳定——自由中子的平均寿命约11min 10s，质子——最轻的重子——最为稳定。但1967年苏联著名物理学家萨哈罗夫提出质子衰变假设。人们虽几经努力，却从未观察到质子衰变。物理学家和宇宙学家仍想知道质子是否具有极长但有限的寿命。因为如果质子衰变,氢原子就不稳定了;而若氢不稳定,宇宙早期恒星的形成就不可能。后来出现了试图在一个统一的框架中描述电磁力、弱力和强力的**大一统理论**(grand unified theories,GUT)。GUT认为,尽管这3种力在今天的宇宙中表现为互不相同的形式,但在宇宙历史上某个时候曾作为一种统一的力存在过。GUT的一个重要预测是质子衰变,并且估计其平均寿命至少为10^{30}年,比宇宙的年龄还要大10^{21}年!小柴昌俊和同事决心要检测质子衰变。他们的策略是监测数量达10^{31}以上的质子,如果质子的平均寿命是10^{30}年,使用灵敏度足以拾取单个质子衰变信号的电子传感器,数年内应可捕获几个质子衰变事件。不错,如果任意一个给定的质子在10^{30}年内衰变,你应可预期在这么多质子中有一个会在某一年中衰变。

神冈检测器设于飞驿市神冈地区一座废弃矿井的坑道内,一个圆柱形大罐盛有3000t纯水,其包含的质子数超过10^{31}。容器内壁上装有1000个光电倍增管。容器深埋在地下1000m,有利于降低本底(屏蔽来自宇宙射线的干扰)。但守株待兔数年后,兔子没有出现:实验者也没有观察到质子衰变的痕迹。这表明质子的平均寿命至少超过10^{31}年。

但研究者的努力没有白费。在戴维斯霍姆斯塔克实验的消息传来后,研究者立刻想到他们的装置可用来测量太阳中微子。经过改造和升级后,他们建成了捕捉太阳中微子的神冈(K)检测器。K检测器和戴维斯的检测器一样,旨在捕捉来自硼-8反应的高能中微子,但需使用一种新的检测器:**切伦科夫检测器**。这种检测器利用苏联物理学家切伦科夫发现的一种效应:用纯水来捕捉中微子。在切伦科夫检测器中,每过一段时间,一个来自太阳的高能中微子撞击水原子的一个电子,将部分能量给了这个电子，使其成为一个**相对论电子**，即这个电子的速率超过水中光速。（根据狭义相对论，任何物体的速率不能超过真空内的光速，但各种介质内的光速小于真空内的光速，动量足够大的粒子的速率可超过它们。）这个电子沿着到来中微子的方向运动。这种现象叫作电子弹性散射，可说是台球的相对论版。中微子产生的相对论电子在其路径上产生一个浅蓝色的电磁"尾迹"或光锥，叫**切伦科夫辐射**。[①] 光锥投射到检测器壁上，被光电倍增管记录。利用各光电倍增管记录的时间、光锥的大小和方向等信息，可确定到来中微子的方向、能量和到来时刻。利用这些信息，研究者还可区分真正的中微子事件与其他噪声，由此提高检测的置信度。

在1987—1995年，神冈团队检测到了太阳中微子，也发现了太阳中微子的"赤字"。他们的独立发现验证了戴维斯的结果。他们还发现，到来中微子的数目随能量而降低的模式与巴考尔的计算一致。这一结果使巴考尔大感欣慰，他的太阳模型终于得到了验证。

利用神冈检测器获得的信息，包括到来中微子的方向、能量和到来时刻，可以制作一幅太阳的中微子图像。这在某种意义上就像"看到"太阳一样。因此，神冈检测器实际上是第一台**中微子望远镜**。原理上可通过这样的中微子望远镜观测宇宙中所有发射中微子的天体。

---

① 1934年苏联物理学家帕维尔·切伦科夫（Pavel Cherenkov, 1904—1990）与其导师谢尔盖·法费洛夫（Sergey Vavilov, 1891—1951）发现这种现象，也称法费洛夫 - 切伦科夫辐射，后同事伊戈尔·塔姆（Igor Tamm）和弗兰克（Ilya Frank）阐述这种效应的理论。切伦科夫、塔姆和弗兰克为此共享1958年诺贝尔物理学奖。有一些宏观现象有助于理解切伦科夫辐射。当一艘快艇在水面高速行驶时，水波跟不上它，在艇后形成一V字形尾迹。类似地，当一架喷气飞机突破音障即超过音速飞行时，声波跟不上它，在它后面形成（三维）锥形音爆。一个超水中光速运动的粒子产生的光波跟不上它，在粒子后面形成切伦科夫光锥。

第4章 中微子震荡

1991年神冈检测器开始重大升级，至1996年完成。升级后的检测器叫作**超级神冈**或**超级 K 检测器**。检测器的容器是一个直径和高各约40m的不锈钢巨罐，内盛 50000t 超纯水，罐内体积被一不锈钢结构分隔为内、外两个检测区，总共装有 13000 个光电倍增管。采用内外两个检测区，是为了分辨检测到的切伦科夫辐射信号是由进入检测器的中微子产生的电子或缪所引起，还是由容器外的电子或缪所引起，从而降低本底。超级 K 的灵敏度比其前身高许多倍。特别是，超级 K 不但可检测太阳中微子，也可记录宇宙辐射撞击地球上大气层产生的中微子——大气中微子。（图 4-3）

在前面的讨论中，大气中微子是作为莱因斯和戴维斯检测器的干扰

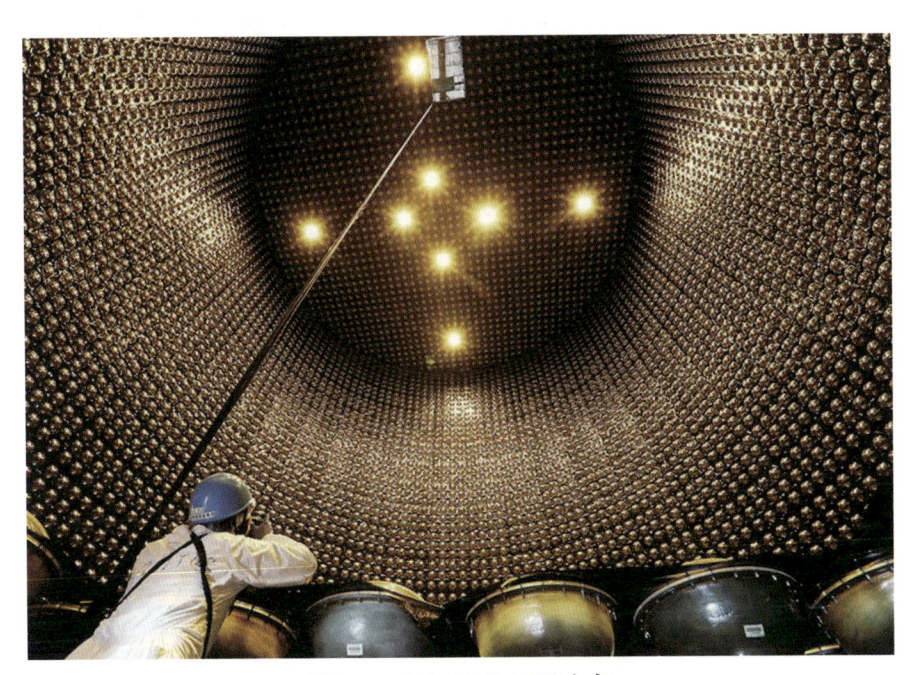

图 4-3　超级 K 检测器内部

源看待的,这些检测器置于地下深处就是为了屏蔽它们的干扰。可是丰富的大气中微子显然也是中微子研究的重要资源。来自空间的高速运动的亚原子粒子——它们是久远以前恒星爆炸的残留,在星际空间的电场和磁场的驱动下高速运动,其中有些粒子的能量比我们的粒子加速器所能达到的高得多。它们猛烈轰击地球上大气层空气的原子,产生几乎以光速运动的次级粒子,形成**宇宙射线**。大部分宇宙射线被空气或地球所吸收。但宇宙射线包含 π 介子和缪,其中大部分在被吸收前衰变,产生中微子:**大气中微子**。与太阳中微子的区别是,太阳中微子是电子中微子,而大气中微子主要是缪中微子。地球上的实验表明,大气中微子中缪与电子中微子的比例为 2:1;每两个缪中微子中,缪中微子和缪反中微子(v_μ 和 $\bar{v}_\mu$)各 1。此外,大气中微子的能量比太阳中微子高数百至数千倍。

电子中微子与缪中微子在检测器内引起的切伦科夫辐射的形式很不相同。因为质能(动量)大,一个到来缪中微子 v_μ 在撞击水原子时引起一个直线行进的清晰的光环,其方向显示到来 v_μ 的方向。而一个到来电子中微子 v_e 产生一条曲折行进的模糊光串,每一段呈短雪茄状,其方向也可显示到来 v_e 的方向,但精度不如缪中微子的高。[①] 超级 K 的灵敏度足以区分这两种情形下的信号,从而判定到来的是电子中微子还是缪中微子并测定它们的到来方向。

神冈团队在观察大气中微子差不多两年后,1998 年报告了一个惊人

[①] μ 中微子与水原子相撞时产生一个 μ,它具有足够的动量沿中微子到来的方向直线高速行进,并发出切伦科夫辐射。电子比 μ 轻 200 倍,受附近核的电磁场的影响摇摆行进,每次摇摆发射光子。如果光子能量足够高,它们将产生电子 – 正电子对。这些次生对也摇摆行进,产生更多的电子 – 正电子对,如此等等,结果形成曲曲折折的一段段短雪茄状闪光。

第 4 章　中微子震荡

结果：他们发现了差不多相同数目的来自大气的电子中微子和缪中微子，而不是原来预测的后者多出一倍。他们推测，一种可能性是半数缪中微子变成了陶中微子，而超级 K 未能识别它们。

更令人不解的是，他们观察到缪中微子的另一种缺失。从各个方向撞击地球大气的宇宙射线的数量大体相等，故它们产生的中微子的通量在地球的各个方向应相同。果然，研究者发现从天空和通过地球（从地球下侧）来的电子中微子数目相等。但这对缪中微子情形不是这样的，从下面来的仅及从上面来的一半。有一半缪中微子在通过地球期间不知怎么消失了。他们推测，缪中微子在穿越地球途中有一半变成了陶中微子，而超级 K 不能检测陶中微子。这可以作为中微子震荡的间接证据。

在上面提到的 1998 年中微子会议上，团队领导人尾田隆章宣布："超级神冈实验有了中微子具有非零质量的证据。"此话引起了轰动，与会者起立向他欢呼。这个结果意义重大。在现代粒子物理学的结晶标准模型中，中微子被认为具有零质量。超级 K 的实验结果推翻了这个假设，这或许是新物理出现的第一缕曙光。这个结果甚至引起了美国总统克林顿的注意。一天后，他在对 MIT 毕业生的演讲中说："就在昨天，在日本，物理学家宣布了一项发现：微小的中微子有质量。这对大多数美国人可能没有多大意义，但这可能改变我们最基本的理论——从最小的亚原子粒子到宇宙如何运行，以及它如何膨胀。"

加拿大索德伯里中微子观测站（Sudbury Neutrino Observatory，SNO）要直接证明太阳中微子震荡，需要测量太阳中微子中的电子中微子和假设因震荡而变为其他味的中微子。SNO 瞄准的就是这个目标，它试图一举解决太阳中微子之谜。众多的加拿大、美国和英国的大学和实验室参与这个计划。它现已扩展为一个更大的综合性设施，叫作 SNO 实验室。

SNO 建于安大略索德伯里的一座镍矿内，深达地下 2100m，故有对背景噪声的良好屏蔽。SNO 检测器包含一个半径为 6m 的腈纶容器，内充 1000t 纯重水（在重水内氘原子代替了普通水的氢原子，氘核包含一个质子和一个中子）。容器置于一个更大的腔体中，内充普通水，为容器提供浮力和辐射屏蔽。重水用装设在一个半径为 8.5m 的球体上的 9600 个光电倍增管监测。

用重水检测中微子是中微子实验中的一项创新。这要归功于华裔物理学家陈华生（见 Herbert H.Chen, Wikipedia）。陈华生 1942 年出生于重庆，7 岁随家人移民美国，1964 年毕业于加州理工学院，1968 年获普林斯顿大学理论物理博士，同年继第一个太阳中微子捕获者戴维斯加入尔文加州大学新建不久的物理系。长时间从事测量中微子的研究，于 1984 年提出用重水作中微子的检测介质。

用重水检测中微子的机理比较复杂。大体而言，用重水检测中微子可观察两种反应。一种是中微子与氘核通过 Z^0 玻色子交换的所谓**中性流相互作用**，所有的中微子味都参与这种反应。另一种是中微子与氘核通过 W^- 玻色子的媒介产生的所谓**弱荷流相互作用**。两种反应因其不同的性质可分别检测。在前一种反应中，反应产生的中子捕获产生 γ 射线，但最后仍用切伦科夫辐射检测。在后一反应中，是依靠反应过程中产生的相对论电子引起的切伦科夫辐射。这两种反应的相对速率在来自太阳的中微子变味和不变味的情形下有显著区别，故检测这两种反应可以直接观察太阳中微子震荡。（图 4-4）

SNO 于 1999 年夏开始采集数据。在实验开始记录中微子与重水相互

（a） （b）

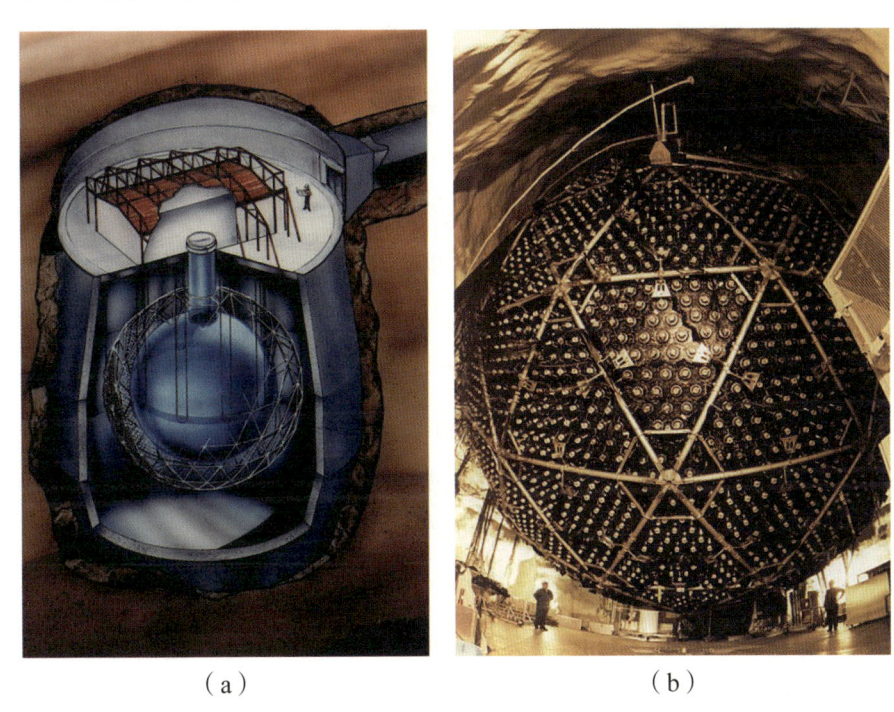

图 4-4　SNO 实验室概念图（a）和检测器（b）（原载 Wikipedia, Sudbury Neutrino Observatory）

作用 241 天后，实验室主任麦克唐纳宣布他们的第一批实验结果。比较 SNO 和超级 K 检测到的中微子数目后，SNO 团队相信他们已经解决了 30 年之久的太阳中微子缺失之谜：实验与理论的差异是由于中微子在从太阳星核到地球途中自身的变化，从出发时单一的电子中微子通过味震荡变成了所有 3 种味的大体上均匀的分布——大约各占 1/3。

SNO 下一步的目标是分别测量电子、缪和陶 3 种中微子。他们的实验有一项重大改进——在重水中加入 2t 钠氯化物（也即纯盐）以提高中微子的捕获率和更好地区分不同的中微子味。2003 年 SNO 报告了关于中微子数目的最终结果。电子中微子通量为 $1.75 \times 10^6/(cm^2 \cdot s)$，而总的

中微子通量为 $5.21\times10^6/(cm^2\cdot s)$。果然，到达地球的太阳中微子中只有约 1/3 是电子中微子，其余 2/3 是缪和陶中微子。这个结果也与 SNO 和神冈先前得到的数据一致。这是太阳产生的电子中微子在传播途中震荡的确凿证据。有物理学家说得好：超级 K 只告诉我们银行余额，SNO 才真正让我们看到存取明细。这个结果也证明巴考尔的太阳模型正确无误，SNO 捕获的中微子的数目与巴考尔的预测惊人一致。

俄-美锗检测实验（SAGE）和意大利大萨索锗实验（GALLEX）早在发现太阳中微子缺失之初，巴考尔就想到检测来自太阳基本 p-p 链反应的中微子。其好处是这种中微子的数目可从太阳的可见亮度估计，不必依赖太阳模型和参数来计算。问题是这种中微子的能量低于氯检测器的阈值。检测它们需用锗检测器。锗是一种贵重材料，使用锗的中微子实验极为昂贵。戴维斯和巴考尔当然愿意不计代价一试。他们的计划虽然在科学上获得普遍认同，但美国能源部和科学基金会在由谁出资上互相推诿。经多年努力，他们最后获得 1t 锗，做了一个锗检测的可行性试验。所得知识和器材后来用于 GALLEX 实验（见下述）。在苏联，1974 年庞蒂科夫及其同事就计划在俄罗斯南部高加索山脉下建造一个中微子观测站。苏联科学院对此十分积极，他们成功地说服政府将 60t 锗——当时世界年产量的 4 倍——供物理学家在实验期间使用。这才有了苏-美锗实验，也就是后来的俄-美锗实验。比 SAGE 稍晚起步的是欧洲科学家在意大利大萨索山岩石下建造的 GALLEX（锗实验），它使用 30t 锗。两个锗实验在 1991—2000 年所做的大量测量得出相同的结果：它们记录到的太阳中微子的总通量约为太阳模型预测值的一半。

由于上面的这些发现，到 20 世纪 90 年代末，中微子震荡和具有质量被大多数物理学家所接受。可以想象巴考尔本人对此何等的欣慰和兴奋。天体物理学家如今可以宣称，他们知道太阳能量的发生机理，还能精确计算这一反应过程。巴考尔的模型描述了太阳每秒产生的中微子通量与太阳中心温度的关系，利用这种十分灵敏的关系，科学家可在数千万千米外通过测量太阳中微子通量来测量太阳中心的温度。

戴维斯成功检测太阳中微子 40 年后，戴维斯和小柴昌俊因"对天体物理的贡献，特别是检测宇宙中微子"获 2002 年诺贝尔物理学奖。可是巴考尔没有得奖！我们不必为他感到遗憾，因为他在发现太阳中微子后继续作出许多杰出的贡献。他为 NASA 研制太空哈勃望远镜，从 20 世纪 70 年代初开始一直到 1990 年发射，为此 NASA 授予他杰出公众服务奖。继太阳标准模型后，他提出星系标准模型（Bahcall-Wolf 模型）——一个众星环绕的大黑洞。他是美国天文学会 1990—1992 年的会长，他逝世时是美国物理学会荣誉会长。

中微子震荡参数测量

因为标准模型赋予中微子零质量，中微子震荡和具有非零质量要求修正标准模型，甚至开创一种标准模型以外的"新物理"。不管怎样，中微子物理的窗口已经打开。下一步要更深入探索中微子的性质。这就要求测量中微子震荡的关键参数。

依照上述中微子震荡原理，所谓震荡其实就是一个中微子在传播途中被测得在不同味的概率的变化。依照庞蒂科夫的中微子混合和震荡理论，在两个中微子味的简化情形下，一个初始电子中微子在传播途中被测得为电子或缪中微子的概率随 L/E 震荡，L 是传播距离，E 是粒子的相对论质能（静止质能加相对论动能）；最大变换（电子中微子变为缪中微子）概率等于 $\sin^2(2\theta)$，θ 是一个叫作**混合角**的参数；振荡频率取决于质量平方之差，即 $\Delta m^2_{12} = m^2_1 - m^2_2$。在太阳中微子和大气中微子的情形下，超级 K 用两个味的近似模型测得了这些参数。对于太阳中微子，可将 v_e 和 ($v_\mu + v_\tau$)（v_τ 表示陶中微子）视为两个中微子味，得到所谓**太阳参数** Δm^2_{sol} 和 $\sin^2\theta_{sol}$。在大气中微子的情形下，电子中微子不起多大作用，中微子震荡可近似为缪和陶两种味的震荡，由此得出所谓**大气参数** Δm^2_{atm} 和 $\sin^2\theta_{atm}$。

在电子、缪和陶 3 种味的情形下，中微子震荡有 6 个关键参数。它们是 3 只混合角 θ_{13}，θ_{12}，θ_{23} 及 2 个质量平方差 $|m^2_2 - m^2_1| = \Delta m^2_{12}$ 和 $|m^2_3 - m^2_2| = \Delta m^2_{32}$（$m_1$，$m_2$，$m_3$ 是 3 个质量状态的非零质量）。事实上，θ_{12}，θ_{23} 比较大，上面的太阳和大气参数已经给出它们的良好近似。但 θ_{13} 很小。超级神冈和 SNO 都不足以担当测量它的任务，需要设计建造新的检测器。

当然，物理学家很快想到，反应堆或加速器产生的中微子通量大，特别是加速器产生的中微子束的粒子数、种类和能量便于控制。反应堆中微子震荡实验于是兴起。

第一个利用加速器测量中微子束的实验是美国的 MINOS（Main Injector Neutrino Oscillation Search）。它用远、近两个检测器测量来自费米实验室的中微子束，近检测器十分靠近中微子源，大得多的远检测器位于 735km 外明尼苏达废弃的索丹铁矿内（故称**长基线**加速器中微子实验）。比较远近探测器测得的中微子通量和能谱，可知中微子是否震荡并确定震荡的性质。MINOS 于 2005 年 1 月开始采集数据，一年后宣布观察到中微子震荡现象，所得参数与超级 K 相符。

第 4 章　中微子震荡

很快，超级 K 开展了一个多国合作的实验计划，叫 T2K（东海－神冈）。位于日本东海岸的东海的粒子加速器发射强中微子束穿过本州岛，到达约 290km 外的神冈探测器。实验由近 500 名来自 12 个国家的科学家参与，于 2010 年开始采集数据。第一批结果原定于 2011 年 3 月 11 日当地时间下午 3 点在东京宣布。不幸，就在这预定时间前 14min，一次达里氏 9 级的强烈地震袭击日本东北海岸。这是日本历史上最强的一次地震，引起毁灭性海啸，造成 15000 多人死亡，总经济损失达 2000 亿美元，特别是福岛核电站反应堆的堆芯融化，引起核污染。所幸 T2K 实验设施未受严重损毁，用了一年时间修复，2012 年 4 月 T2K 重新开始采集数据。

T2K 于 2011 年 6 月宣布本应在地震前宣布的数据。这些数据表明，他们观察到缪中微子变为电子中微子的现象。SNO 和超级 K 以前已经证明另两类中微子震荡，这是科学家第一次看到第三类变换即缪中微子变为电子中微子的直接证据。在东海产生的缪中微子中，神冈检测器记录到 88 个，其中有 6 个是电子中微子。因为原来的粒子束全由缪中微子构成，故它们必在途中变换。这让物理学家惊喜不已，称它们为"6 个最受欢迎的中微子事件"。T2K 的结果显示 θ_{13} 非零，但因事件数过少，不足以精确测量第三混合角 θ_{13} 之值。

紧跟着 T2K，有 3 个测量 θ_{13} 的实验。一个位于法国东北部的绍兹（Chooz）村，它测量一座商用核电站在正常运行中产生的中微子。它也有远、近两个检测器，一个设在反应堆近旁，另一个在离反应堆 1km 外，借此测量电子中微子的消失率。因为用了两个检测器，该实验叫作双绍兹。他们在 2011 年秋报告了第一个 100 天采集的数据。他们的测量提供

了 θ_{13} 非零的独立验证，但仍不足以确定其值。测量 θ_{13} 的任务尚待中国的**大亚湾反应堆中微子实验**。

大亚湾位于深圳以东 50km，香港以北 55km。相距约 1km 的大亚湾与岭澳两座核电站共拥有 6 座反应堆，是世界第二大反应堆群，可提供强大的反中微子束。实验建在两核电站附近 100~400m 高的山下。实验共有 8 个 20t 闪烁液检测器（与莱因斯大气中微子实验类似，但液内掺有钆）。这些探测器分布在两个近点和一个远点。大亚湾和岭澳两个近点各离其反应堆 360m 和 500m，远点离两反应堆 1900m 和 1600m。比较远、近探测器测得的中微子通量和能谱，可知中微子是否震荡并确定震荡参数 θ_{13}。如果存在震荡，远探测器测得的中微子通量将比按近检测器测量值预期的小。同时，由于不同能量的中微子震荡概率不同，测得的能谱将出现有规则的变化。大亚湾中微子实验是一个以中国和美国为主、多国（俄国、智利、捷克等）参与、由中国科学院物理学家王贻芳领导的国际合作项目。2012 年 3 月 8 日，大亚湾合作组宣布发现 $\theta_{13}\neq 0$。2014 年给出一个改进的混合角 θ_{13} 的上下界的估计。这个看来非常小的数值，在物理学家看来却"原来相当大"，因为这一发现打开了许多事情的闸门，使理论物理学家能够超越标准模型的框架去探索新的物理。

为了让读者有直接的感受，列出中微子震荡参数迄今的观测值。

$\sin^2(2\theta_{13})=0.090 \pm 0.008$（大亚湾）

$\sin^2(2\theta_{12})=0.846 \pm 0.0021$（对应 θ_{sol}）（神冈）

$\sin^2(2\theta_{23})>0.92$（对应 $\theta_{23}=\theta_{atm}=45° \pm 7.1°$）

$\Delta m^2_{12}=\Delta m^2_{sol}=(7.53 \pm 0.18) \times 10^{-5}\text{eV}^2$

$|\Delta m^2_{31}|\approx|\Delta m^2_{32}|=\Delta m^2_{atm}=(2.44+0.06) \times 10^{-3}\text{eV}^2$

(Δm_{32} 的符号未知,也就是说,我们不知道缪和陶中微子何者较重)

在大亚湾实验之前,中国的中微子研究默默无闻。大亚湾实验使中国的中微子研究一跃进入世界先进的行列。继大亚湾实验之后,中国科学院在 2005 年开始建设规模宏大的**江门地下中微子观测站**,其检测介质(闪烁液)容器容量达 20000t。

故事讲到这里,物理学家已经用实验证明了 3 种中微子震荡的存在,并且在很大程度上测得了震荡参数。但我们对这种神秘粒子所知仍然不多。我们不知道它们的质量,也不知道它们的质量差,不知道它们震荡的详情。我们更不知道这种弥漫宇宙的粒子在宇宙演变中所起的全部作用。中微子物理现在成了粒子物理的一个充满希望的分支,它或许要重写标准模型。中微子研究也打开了宇宙学的一个新窗口——中微子天文学。后面将进一步讨论中微子的性质。不过在此之前,下一章先讲中微子与天体物理和宇宙学的关系。

在结束本章时可能有读者会问,中微子会震荡,那 3 种带电轻子是不是也震荡呢?粒子物理理论回答我们,3 种带电轻子——电子、缪和陶——不会像它们的不带电伙伴那样震荡,原因简单地说,就是因为它们具有大得多的质量。那么,自然容许中微子震荡是由于它赋予它们质量,但又非常吝啬。中微子那么轻,轻得我们现在还不知道它们究竟多轻。可是它们幽灵般地难以捉摸的性质让物理学家既为之着迷,也头痛不已,真的是物理学中的"不可承受之轻"啊!

第 5 章

25 个中微子：宇宙信使

1987 年 2 月 23 日发生了天文学上的一件大事。银河边上的大麦哲伦星云（LMC）中有一颗大质量恒星爆炸了，变为一颗**超新星**。大麦哲伦星云是银河的一个白矮星卫星星系。

超新星是一颗大质量恒星在其生命最后阶段的绝唱，是一种短暂而壮观的天文现象。所谓超新星实际上是一颗恒星在其自身重力作用下坍缩，发生大爆炸，并最后找到其归宿的过程。爆炸产生的可见光的亮度峰值可抵得上一整个星系——或许有 10 亿个太阳那么明亮，可持续数星期或数月之久，然后逐渐暗淡和消失。

每一颗恒星都有其诞生、演变和死亡的过程。**恒星演变**是指一颗恒星随时间变化的过程。恒星演变的动力是其在自身重力作用下坍缩的趋势与星核内核反应产生的向外辐射压力的抗衡。恒星的演变和寿命有赖于其质量。大质量恒星的寿命为数千到数百万年，最小的恒星可达数万亿年——远大于宇宙年龄。太阳的寿命约为 100 亿年。质量为太阳质量 10~30 倍的恒星的寿命为 1100 万~3200 万年。

一颗恒星的质量如果超过**钱德拉塞卡界**（约 1.44 倍太阳质量——

2.765×10^{30} kg）[①]，就算是一颗大质量恒星。大质量恒星的演变过程大体如下。空间因重力聚集的星云（气体和尘埃云）经数百万年的积聚形成**原恒星**，星核温度可达 1000 万 K，其内开始氢–氦核聚变，由此很快形成一种稳定状态，核聚变产生的向外的辐射压力与星体物质的重力互相平衡，从而阻止星体向星核坍缩。这时演变进入所谓**主序星**阶段。氢燃烧持续一千多万年，当氢几乎完全变成了氦时，反应停止。没有了抗衡重力的辐射压力，星核在重力作用下收缩并升温。此后的演变基本上是上述过程对于不同核聚变的重复。当星核密度达到足够大和温度足够高时，开始氦聚变。氦燃烧持续约数百万年，到氦耗尽时，重力再次使星核收缩和升温，直至它的密度足够大和温度足够高时开始碳和氧的核反应。碳聚变持续约 12000 年，然后开始燃烧钠和氧的核反应，每一阶段只持续数年。最后，星核内的硅和硫在约一周的时间内结合为铁。到这时，这颗星像一颗巨大的葱头，不同元素层包裹着一个铁的星核。铁不从外界吸收能量就不能聚变为更重的元素，核反应循环停止。没有了辐射压力，星核再也不能抵抗自身重力的挤压，将突然崩塌，向其中心陨落，

[①] 苏布拉马尼扬·钱德拉塞卡（Subrahmanyan Chandrasekhar, 1910—1995），杰出的印度–美国天体物理学家。他于 1931 年证明钱德拉塞卡界。这个结果引起争议，主要是因为受到当时英国权威天体物理学家爱丁顿（见第 3 章注）的断然拒绝。爱丁顿知道，钱德拉塞卡界意味着黑洞存在理论上的可能性，但他不愿接受。在 1935 年皇家学会的一次会议上，爱丁顿在钱德拉塞卡报告后当场驳斥，说他"相信应该有一条自然定律阻止一颗恒星的行为竟是以如此荒谬的方式"。玻尔、泡利等物理学家虽同意钱德拉塞卡的分析，但碍于爱丁顿的地位也未给予明确的支持。受此打击，尽管在剑桥成果丰硕，钱德拉塞卡开始萌生去意。他在 1935 年受哈佛天文台之邀赴美，后进入芝加哥大学，于 33 岁成为正教授。此后他终生事业都在芝加哥大学，在恒星结构、白矮星、恒星动力学、磁流体力学等诸多方面作出杰出贡献，因"对恒星结构和演变的重要物理过程的理论研究"获 1983 年诺贝尔物理学奖。他在多个场合说过，爱丁顿对他的工作的态度是出于种族偏见。

释出的巨大重力势能形成超新星。同时星核密度达到 $10^{14}g/cm^3$，在这么高的密度下电子与质子受到强烈的挤压结合为中子，同时释放电子中微子。这个过程使星核逐渐被中子占领，直到中子量子气体由泡利不相容原理引起的所谓简并压力及中子间的核斥力与重力相平衡，爆炸的恒星最后变为一颗**中子星**或一个黑洞，视其质量而定。中子星是最小的和除黑洞外最致密的一类星，其密度达到原子核的程度。中子星的半径约在 10km 的量级，而质量约为太阳的 1.44 倍，火柴盒大小的一块中子星物质重约 3 万亿 t。

在过去几千年中，人类曾用肉眼看到过一些超新星。最早的记录可能是印度人在公元前 4500±1000 年看到的 HB9。然后是中国人在今日所称心大星的明亮红色恒星附近看到的一颗"巨大新星"，这个事件烙在一块公元前 1300 年的兽骨上。中国《后汉书》中有出现于 185 年并在数月间缓慢消失的"客星"。SN1006（SN 表示超新星，1006 表示其发生的年份）可能是有记录的最明亮的超新星，中国、日本、伊拉克、埃及和欧洲的观察者都看到了它。瑞士圣加仑一座本笃修道院的编年史中有如下记录："一颗异常大的新星的侧面闪闪发光，令人晕眩，引起惊慌……在三个月中它都被看到在南边最远处……"开罗学者也记录了它的位置和亮度。SN1054 也被广泛观察到，宋代官吏称其为"妖星"，视为不祥之兆，"其为谪变，甚可畏也"。它的残骸在金牛座中扩散形成著名的蟹状星云。（图 5-1）

在我们自己的星系（银河系）中最近的超新星事件有二。一是 1572 年丹麦天文学家布雷赫发现的一颗超新星，二是 1604 年德国数学家开普勒发现的一颗超新星。在布雷赫的时代，人们还普遍相信亚里士多德天

第 5 章　25 个中微子：宇宙信使

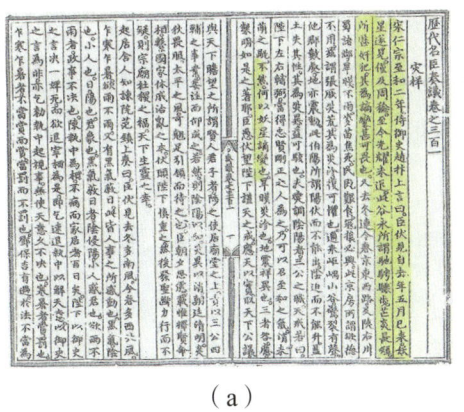

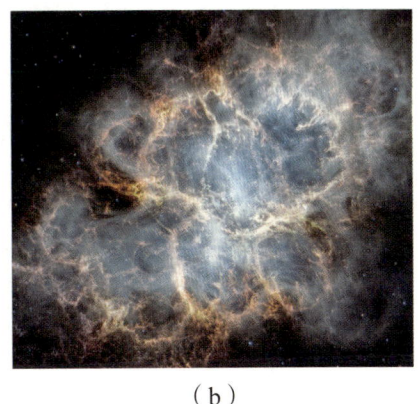

　　　　　　（a）　　　　　　　　　　　　　（b）

图 5-1　记载 SN1054 的宋代典籍一页（a）和 SN1054 形成的蟹状星云（b）

国永久不变的主张，超新星的发现打破了这个神话。开普勒对他发现的超新星做了仔细的观察和记录。当然，那时没有超新星这个词。这个词是贝蒂（见第 4 章）和另一位传奇天体物理学家茨威克[①]在 1934 年创造的。他们在中子星发现两年后指出，超新星将一颗恒星变为一颗中子星。

　　有幸首先看到发生于 1987 年 2 月 23 日夜的天文奇观的是智利拉斯坎帕纳斯天文台（Las Campanas Observatory，位于智利北部，距首都圣地亚哥约 480km）的谢尔顿和杜哈德。那天夜间，加拿大观察员谢尔顿用一台老式 10in[②]望远镜通过长时间曝光拍摄了一张 LMC 的照片，目的是搜索大麦哲伦星云中的可变星。2 月 24 日凌晨，当他从洗印槽中将胶片提起来时，惊讶地发现胶片上靠近蜘蛛状塔兰图拉星云的地方有一个前所未见的亮点。他赶紧到外面用肉眼观望天空。果然，他看到 LMC 中

---

① 弗里茨·茨威克（Fritz Zwicky，1898—1974），德国–美国天体物理学家，重要发现有暗物质、超新星、引力透镜效应和中子星等，他一生竟发现了 120 多颗超新星。

② 1in＝2.54cm。

107

有一颗前所未见的明亮的星。当他去向台里的两位天文学家报告这个消息时，智利望远镜操作员杜哈德告诉他，他几小时前也看到了这颗星。因为别无任何已知天体的亮度可在短时间内发生如此剧烈的变化，他们断定这必定是一颗超新星。

同一天夜间，在太平洋另一侧新西兰海岸的一座小镇上，业余天文爱好者琼斯也从他后院的望远镜中在 LMC 中看到一颗过去从未见过的明亮的蓝色的星。他猜想这可能是一颗超新星，故将他的发现报告给其他观星者。原来，琼斯看到了同一颗超新星，只不过比谢尔顿和杜哈德晚了几小时。

事实上，澳大利亚西丁泉天文台的天文学家麦克诺特甚至早在谢尔顿前约 15 小时就拍摄了一些 LMC 的照片，但因忙于其他事务，没来得及看它们。到 2 月 24 日上午 10 点左右，当超新星的消息传来时，他赶紧去看他的胶片，这才发现，这颗超新星原来赫然在他的胶片上。不过他已错失了发现这颗超新星的荣誉。可他不愧是天文学家，四天后他查证出这颗超新星的前身是已记录在天文档案中的一颗名为 $SK69^0202$ 的蓝色超巨星。

这颗超新星后来被正式命名为 SN1987A（A 表示 1987 年发现的第一颗超新星，图 5-2（a））。它发生于距地球 16800 光年处，它的光在 1987 年 2 月 23 日格林尼治标准时间 07:30 到达地球。它的发现者被正式认定为谢尔顿、杜哈德和琼斯。在超新星 SN1987A 消失后，天文学家再也不见 $SK69^0202$ 的踪影，这就证明麦克诺特是正确的：$SK69^0202$ 确系 SN1987A 的前身。$SK69^0202$ 属于大质量恒星，其质量约为太阳的 20 倍，寿命约为两千万年。按照上面简述的恒星演变理论，它应演变为一颗中子星。

SN1987A 的发现是一个重要的天文事件。它是发现开普勒 – 1604 超

第 5 章　25 个中微子：宇宙信使

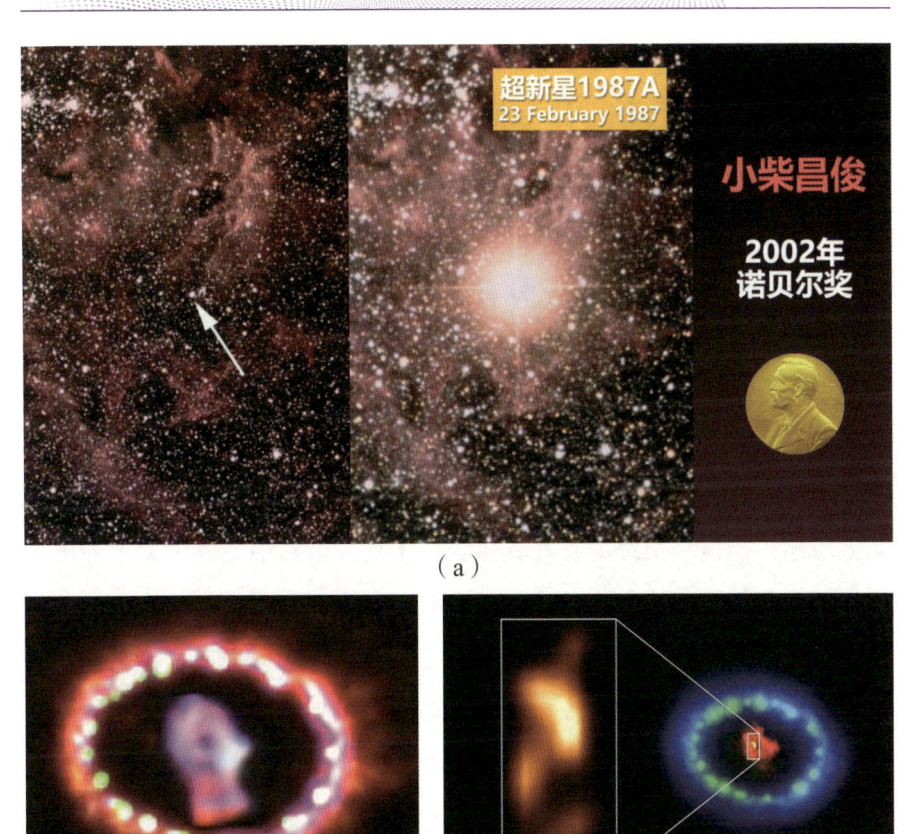

(a)

(b)　　　　　　　　　(c)

图 5-2　SN1987A 发生后和前的照片（a），哈勃望远镜 2011 年看到的 SN1987A（b），2017 年 ALMA 观测到的 SN1987A 形成的中子星（c）

新星差不多四个世纪后第一颗离我们最近的超新星。可以想象，这一事件对于天文学家来说无异于一次狂欢节。恒星演变的过程大部分不可直接观察，除有限的观测数据外，天体物理学家基本上依靠理论模型与超级计算机上的仿真获取恒星演变的知识，这些知识在得到观察检验前仍属未经验证的理论。开普勒-1604 出现时，天文学家手中掌握的工具太少——望远镜的发明尚需等待数年[1]，他们只能用肉眼观察它。20世纪后期他们拥有强大的观察工具，包括强大的光学、红外和无线电望远镜——它们分布在南半球包括智利、澳大利亚和南非的先进的地基观察站，还有太空X-射线和紫外望远镜。SN1987A事实上是现代天文学能够详细观察的第一颗超新星。

但超新星与中微子研究有什么关系呢？计算机仿真显示，中微子在恒星演变过程中扮演着特殊的关键性的角色。还在碳燃烧阶段，星核温度高达5亿℃，发出的辐射可产生中微子-反中微子对，它们逃出星核，带走了本有助于抵抗重力坍缩的能量，从而起了加速恒星演变的作用。如上所述，当恒星坍缩时，在其星核中子化的过程中高能中微子冲出星核，它们在将中子推向星核中心的同时，带走爆炸释放的重力势能，形成中微子巨暴。超新星爆炸可将几个太阳质量的物质抛散，将它们加速到百分之几光速，由此在周围星际介质中产生强大的冲击波，导致一个气体和尘埃构成的壳状结构的形成和扩展，这便是可观察的**超新星残留**。冲击波在向外传播时逐渐失去动力，高能中微子可通过将其能量传递给冲击波裹挟的物质而成为冲击波的助推器，驱动这些物质从灼热的初始状态到冷却的终态的演变。就是这种演变过程形成铁和更重的元素，它们被冲击波排入空间，进入新一代恒星及其行星系统。我们的地球和地球上的一切，包括我们的身体——骨骼里的钙、血液中的铁，原来全都来自古代的超新星，而其中就有中微子的独特和巨大的贡献。中微子在世界形成中的作用比我们想象的要大得多。有科学家说，要不是中微子，

---

① 望远镜最早的记录是荷兰眼镜师汉斯·李普希（Hans Lippershey）提交政府的一项专利，伽利略用望远镜观察天空始于1609年。

宇宙很可能是一片洪荒，没有它的许多奇迹，也不能产生生命。所有这些都可通过中微子探测来获得验证。

当超新星的消息传来时，全球各主要中微子检测站迅即怀着迫切期待的心情，开始在他们的数据中搜索来自这次爆炸的中微子的踪迹。当时在普林斯顿的太阳和星系模型理论家巴考尔兴奋异常——决定性地检验他的理论的机会到了。他与两位同事一起用超新星理论模型计算这次中微子暴洒向地球的中微子通量，从而预测地球上的检测器可以检测到多少个中微子。他们必须与实验物理学家赛跑，赶在前头给出这一预测。结果他们在一星期内就给《自然》杂志投寄了包含计算结果的论文。

结果出来了。在SN1987A的光到达地球2~3小时前，有3个中微子观察站观察到了中微子暴。它们是超级K，美国的IMB（尔文–密歇根–布鲁克海文，位于美国伊利湖岸600m深的地下），俄国的巴克申观测站。因为这3个检测器都在北半球，而LMC位于南面的天空，这些中微子必须从地球的一侧穿越到另一侧，从下面进入检测器。这些检测器在持续时间不足13s的中微子暴中分别检测到12个，8个和5个反中微子。虽然测得的样本看上去不大——总共25个，但已显著高于原来的本底，因而被普遍接受为来自SN1987A。超级K获得的样本最大，且显示中微子分两个脉冲到达，第一个持续1.915s的脉冲包含9个中微子；第二个脉冲在第一个后9.219s到来，持续3.330s，包含3个反中微子。超级K记录到的11个中微子的能量在10~20MeV，IMB（对较低能中微子不敏感）的8个能量在10~50MeV，故知来自超新星的中微子的能量在10~50MeV，比绝大多数太阳中微子的能量（1MeV以下）高数十倍。

在这次竞赛中，神岗毫无疑问仍保持其最佳中微子检测器的地位。

原来也为检测质子衰变建造的 IMB 此前默默无闻,现在也因检测到 8 个来自 SN1987A 的中微子而声名鹊起。

确实,这是第一次直接检测到来自一颗超新星——也是太阳以外第一个天体——的中微子。总数虽不过区区 25 个,但这 25 个中微子事件给予我们超新星爆炸过程及中微子自身性质的许多重要信息。科学家从这些信息推出如下一些结论:

- 从这些中微子的数量和能量可推断超新星 SN1987A 发射的中微子的总数量和能量,所得结果与巴考尔的理论预测相符:99% 的坍缩能量被中微子辐射带走,中微子总数达 10^{58}!其总能量达 10^{46}J,10^{58} 个中微子的粒均能量为数十 MeV。这意味着,星核坍缩时几分钟内以中微子的形式释放出的能量达太阳在其整个寿命(近 100 亿年)期间以光子形式发出的能量的一百倍!无怪乎有物理学家形容一颗超新星基本上就是一枚巨大的"中微子炸弹"。超新星理论模型的正确性由此得到验证。

- 这些中微子的能量远高于太阳中微子的能量表明,它们形成时的星核温度也要高得多,约为 400 亿℃。

- 这些中微子是在 SN1987A 的光之前 2~3 小时到达地球。这证明中微子是在星核坍缩的同时先于可见光发射的,而可见光要等冲击波到达星体表面时才发射。由此证明中微子是超新星事件的第一信使。这一事实也表明中微子十分接近光速运动[①],证明它们

[①] 在中微子测量中曾发生一次乌龙事件。2011—2012 年一个很大的国际合作项目 OPERA(Oscillation Project with Emulsion-tRacking Apparatus)声称,中微子在 CERN 位于日内瓦的实验室到 726km 外意大利大萨索地下检测器的传播似乎快于光速,比预期早 60ns 到达。后来发现是他们的实验器件出了毛病。

确实非常之轻。
- 这些中微子在持续约 10s 的时间内陆续到来,表明它们是从一个像原子核那样密实的物体扩散,需要数秒的时间脱离其表面。这证明星核内有一个密实物体形成,这个物体指向理论预测的中子星,虽然这还需进一步的观察。

这 25 个中微子事件证明中微子探测在超新星研究中有不可替代的作用。如上所述,中微子是超新星爆炸的前兆,是第一信使。在一定意义上,中微子还是超新星爆炸的更可靠的信使:如果事件发生在银河遥远区域,星际尘埃可遮挡我们观察它的视线,而中微子却几乎不受阻挡,故可报告我们银河中任何地方发生的超新星事件。事实上,据天文学家估计,每个世纪银河中都有几颗大质量恒星爆炸,但自 1572 年布鲁赫发现一颗超新星至今我们看到的却只有 3 颗。那 25 个报告我们 SN1987A 事件的中微子表明,分布于世界各地不多的几个中微子检测站能够发出超新星事件的早期预警,让全世界的天文学家做好观察它的准备。

那 25 个中微子事件给予我们的上列信息已经非常惊人,但科学家相信,超新星发射的中微子应携带爆炸过程及中微子自身性质的更多信息。根据理论模型,伴随超新星事件应有两波中微子发射。第一波就是上面所说星核中子化过程中发射的中微子。这一波发射的是电子中微子(星核中子化的过程类似逆 β 衰变)。超新星爆炸还有第二波中微子:爆炸中形成的中子星的星核温度超过 1000 亿℃,其热能将转化为各种味的中微子–反中微子对。因此,全面检测这两波中微子的数目及能量随时间变化的模式将告诉我们超新星演变过程的知识。检测这些中微子在 3 种味间的分布及其随时间的变化也是中微子震荡研究的宝贵资源。科学家没有辜负 SN1987A 给予他们的机会，他们更积极地为迎接下一次超新星事件做好准备。

为了可靠地通过检测中微子捕捉超新星事件，物理学家创建了**超新星早期预警系统**（SNEWS）。这是一个全球对超新星中微子敏感的检测器，包括日本的神冈检测器、意大利的**硼太阳中微子实验**（Borexino），以及**南极冰立方中微子天文台**（见下文）等联网的系统，其中任何一处检测到超新星事件的可能信号时都报告纽约长岛布鲁克海文国家实验室的中心计算机。如果几个检测器同时发出信号，系统将发出超新星事件早期预警，全世界的天文学家和大量业余天文爱好者都可参与搜索，这将大大提高早期发现超新星事件的机会。SNEWS 于 2004 年开始运作。

这 25 个中微子事件也象征着**中微子天文学**的诞生。戴维斯的太阳中微子实验第一次使我们得以探测太阳内部，检验太阳内部模型，那时中微子天文学已悄悄萌芽。到神冈团队通过太阳中微子检测绘制太阳中微子图时，这门科学已破土而出。现在，SN1987A 中微子研究的成绩展示了中微子探测在宇宙学研究中的巨大潜力。中微子天文学是一个深不可测的科学矿藏。从 20 世纪 80 年代末到 90 年代初，中微子研究在粒子物理、天文学和宇宙学中都开始成为"显学"，成为研究者人数众多、投资巨大、规模宏伟的名副其实的"大科学"。

粒子物理、天文学和宇宙学都需要更灵敏、更精密的中微子检测器。它们需要规模更大的检测器，因为中微子的检测率极低，规模不大就不能捕捉到足够多的中微子。它们需要"广谱"的检测器，即可同时捕捉所有 3 种味的中微子及其反粒子的检测器。它们要求高分辨率的检测器，可分辨来自太阳、大气和宇宙的中微子，还可分辨到来中微子的方向。它们需要更灵敏的检测器，即能够拾取非常微弱的中微子信号的检测器；目前的中微子检测方法尚不能检测占太阳中微子绝大部分的基本 p-p 链产生的中微子，更遑论检测天外各种来源的中微子。所有这些要求大大推动了世界各国中微子实验的进展。

超级 K 对发生于银河任何地方的超新星都敏感，可记录来自 25000 光年外靠近银河中心的事件，还可分辨几度范围内到来中微子的方向。加拿大的 SNO 实验室正在建造一个只对电子中微子敏感的检测器，与现有检测电子反中微子的检测器形成互补。美国的**长基线中微子实验**（LBNE，2014 年后改称**深地中微子实验**，DUNE）用建在南达科他圣福特实验室的检测器捕捉从 1300km 外的费米实验室通过地球送来的一束中微子或反中微子，测量这些粒子在 3 种味间的震荡。由于加速器产生的中微子束的数量、能量和类型（味）均可控，故特别适于测量中微子震荡。但 DUNE 也可测量来自超新星的不同类型的中微子。特别值得一提的是，2010 年建成的**南极冰立方中微子天文台** IceCube（IceCube Neutrino Observatory），可记录百万次事件，以毫秒级的时间步跟踪中微子流随时间的演变达 10s，因此可确定中子星形成的精确时刻和获得超新星演变的图像。让我们略作描述。[①]

冰立方（南极冰立方中微子天文台）

苏联粒子物理学家马尔可夫和他的学生查勒兹尼克于 1960 年提出一

[①] 有一本全面描述冰立方的长篇著作：*The Telescope in the Ice*，Mark Bowen, ST. Martin's Press, New York, 2017。

个高明的主意：水下中微子望远镜。他们指出，一个建在地下湖或海洋中的水下中微子检测器具有良好的屏蔽和广大的检测范围。后来比利时－美国物理学家汉辰提出在南极冰川下建造中微子望远镜。他相信在南极冰面下建造一个以极冰为检测介质的中微子检测阵列是捕捉来自太空深处中微子的极佳方法。极冰不同于普通的冰，它纯净、稳定、黑暗、没有气泡，也不受任何杂散辐射如海盐放射性衰变产生的辐射的影响，故可将测量噪声降至最低。以前的检测器使用特制的容器盛载含氯溶液或重水等检测介质，并且要埋入地下深处，这就限制了检测器的体积。以极冰作检测介质不受这种限制，检测器可以做得很大。

冰内中微子检测阵列的示意图见图 5-3。图中立方形点阵表示检测器阵列，黑点表示检测器。右上斜线表示一个进入阵列的缪中微子引起切伦科夫光锥，被阵列中的检测器捕获。右下的斜线表示阵列外一个缪中微子引起的切伦科夫光锥进入阵列而被检测。这意味着阵列也可检测来自阵列附近和下方（假设阵列只要检测来自下方的中微子——见下述）的中微子，故其检测范围比阵列本身要大些。

冰立方计划是一个国际合作项目，由威斯康辛大学主持，美国国家科学基金会（NSF）和世界上许多研究机构共同出资，美国南极研究站提供后勤保障。实验者先在 1993 年建成一个名为**南极缪与中微子检测阵列**（AMANDA）的试验性实验。这基本上是系在数百米长的缆索上的一串特殊的球形数字光学模块（DOM：光传感器及数据处理单板机），它们被置入一个冰川孔洞内。他们借助冰川学家使用的高压热水钻在冰内钻洞。钻一个孔洞、清洁和敷设传感器链需要连续不断地工作数日，以防冰重新冻结。实验者本来预计来自宇宙射线的 μ 轻子在冰下 800m 深处已经

第 5 章　25 个中微子：宇宙信使

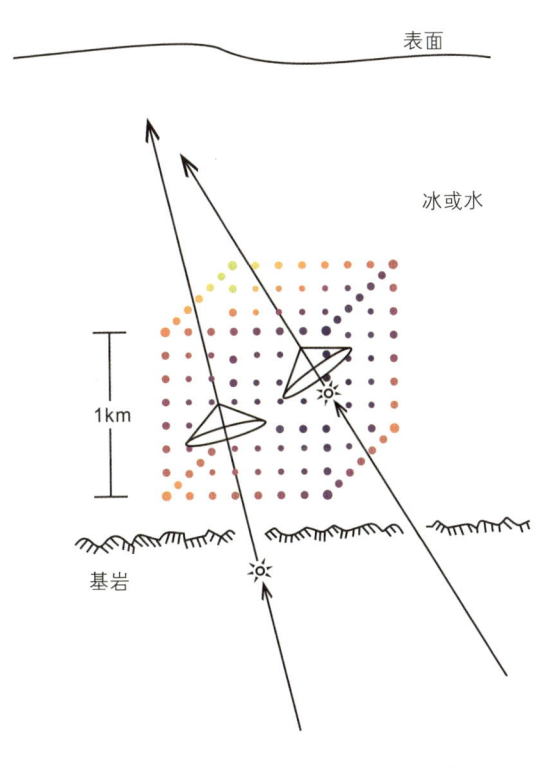

图 5-3　冰内中微子检测阵列示意图

消失，故可识别来自北半球的中微子产生的 μ 轻子。但实验表明，在这个深度上两者仍混淆不清。更大的问题是在此深度上冰内还有大量气泡，使切伦科夫辐射散射。实验者最后决定将 DOM 置入距表面 1450~2450m 的孔洞内。在这样的深度上可获得对宇宙射线的所需屏蔽，同时冰内气泡已被冰内压力所排尽。

积 AMANDA 建成并运行十年的知识和经验，汉辰和合作者于 2005 年开始实施宏伟的冰立方计划，至 2010 年 12 月完成。

冰立方由 86 条传感器链构成，每条有 60 个 DOM，各置入冰下

1450~2450m 的一个孔洞内，形成分布在 1km³ 范围内由 5160 个 DOM 组成的检测器阵列。阵列探测中微子在冰内引起的切伦科夫辐射，将数字信号传送到阵列上面的计算机站，实验者可用数据还原中微子的运动参数。这件巨大而艰难的工程只能在每年 11 月到次年 2 月的南极夏季进行，在这段时间里可利用南极白夜 24 小时连续工作。冰立方的第一条传感器链于 2005 年敷设，经采集足够多的数据验证其正常工作后，2005—2006 年南极夏季完成 8 条传感器链的敷设，自此冰立方成为世界最大的中微子望远镜。此后冰立方的建设逐年加速，至 2009—2010 年南极夏季完成 20 条传感器链的敷设，最后 2010 年敷设了剩余的 7 条传感器链而建成整个中微子检测阵列。冰立方堪称一项工程奇迹，更是实验物理的一项创举，其匠心、规模和在南极恶劣条件——恶劣的气候、高海拔（超过 2740m）和荒芜孤寂的环境下——艰苦卓绝的建设都令人赞叹。

冰立方主要对能量在 100GeV 以上的高能中微子敏感。在冰内检测中微子的原理与在水中相似，即能量足够高的中微子与冰原子相互作用产生冰内的相对论（速率超过冰中光速的）带电轻子，引起切伦科夫辐射。冰立方对 μ 中微子最为敏感。这是因为 μ 轻子最富穿透力，故在检测器内有最长的路径。记录一个 μ 中微子产生的 μ 轻子的走向，可以追踪其来源和到来方向。一个电子中微子引起的电子一般要经过若干散射，其能量才降低到切伦科夫阈值以下，故电子中微子事件不像 μ 中微子事件引起"径"状响应，而是"球"状或"级"状响应，不可能从响应模式追踪其来源和到来方向。陶中微子事件与电子中微子事件相似，但更短命，难以与后者区分。

冰立方的目的之一是绘制**中微子天空图**，这与用望远镜绘制星图或用红外望远镜绘制天空宇宙微波背景辐射图类似。这需要从很高的本底中识别出真正来自太空深处的中微子。事实上，检测器上空宇宙射线撞击大气产生的中微子在冰内引起的 μ，要比天体物理来源的中微子引起的 μ 多 10^6 倍。但绝大部分宇宙射线 μ 都朝下运动，故可借此将其排除。即使如此，余下的向上的中微子事件中仍有大部分属于轰击地球远侧（北半球）的宇宙射线中微子，只有小部分来自天体物理源。冰立方每天可捕获约 75 个向上的中微子。科学家通过还原到来中微子的方向和能量、用统计算法来区分这两种中微子。

　　冰立方开始工作两年后，科学家获得了第一个重要回报。他们于 2012 年报告了两次异常中微子事件，其能量之高前所未见，达到 1.2PeV（1PeV = 10^{15}eV，相当于质子质能的一百万倍），比今天可在粒子加速器中产生的能量最高的粒子大一千倍。这两个事件震惊了研究者。它们被取名为"巴特"和"欧尼"（这两个名字来自《芝麻街》中的人物）。巴特和欧尼各激发冰立方内数百个检测器，切伦科夫辐射的光子所及有一个足球场那么大。经过仔细研究，研究人员认为它们不是在地球大气层中产生的，而是来自宇宙空间。换言之，它们是宇宙信使，携带着宇宙中重要事件包括 γ 射线暴、恒星或黑洞的形成等信息。（图 5-4）

　　冰立方并不是利用有利自然条件进行中微子探测的唯一实验。西伯利亚贝加尔湖检测器是一个水下中微子检测阵列，以世界最深淡水湖深处纯净的水为切伦科夫介质，拾取中微子信号；已于 1998 年开始工作，但阵列不大，面积为几千平方米。最值得一提的是，建于深海海底的中微子望远镜。法国的 ANTARES（中微子望远镜天文学暨深渊环境研究，Astronomy with a Neutrino Telescope and Abyss Environmental Research）是

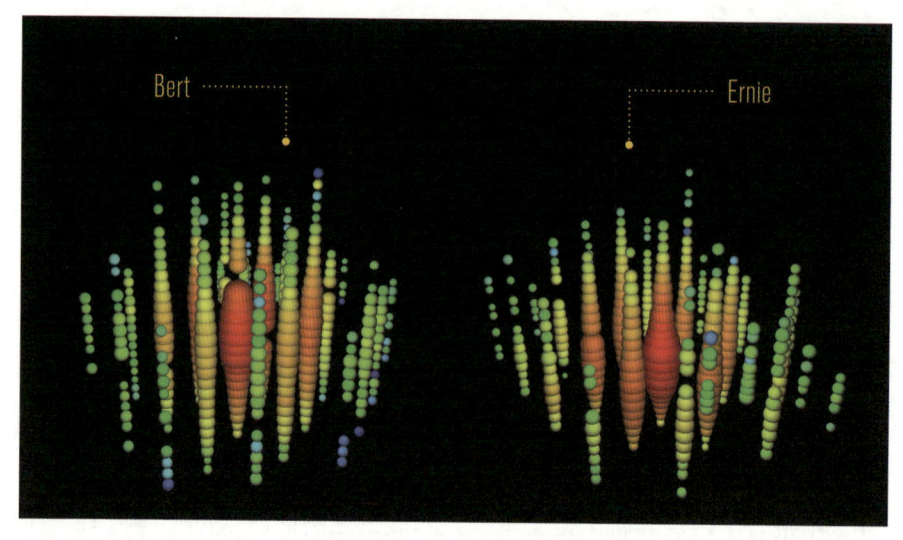

图 5-4 中微子"巴特"和"欧尼"产生的"爆炸"。图中每一小点表示一个光检测器，小球的大小表示一个检测器吸收切伦科夫辐射光子的多少，球的颜色表示光子到达的先后次序，红的最先，绿的最后

建于法国南海岸外地中海水下 2500m 的一个检测器阵列，用作一台观测来自南半球的大气中微子的定向中微子望远镜，可作为冰立方的补充。阵列有 12 条链，链间距离为 70m，每条链长 350m，有 75 个光电模块。阵列被锚定在 2500m 深的海底（图 5-5）。实验于 2008 年建成，但在建成前已开始运转。ANTARES 以海水为切伦科夫介质，因光在水中散射较冰中小，故具有较高的分辨力。但是，水内背景光源比黑暗的极冰内多（海盐内的放射性同位素钾 -40 和发光生物），其检测阈值高于冰立方，也要求更复杂的本底抑制。ANTARES 主要对高能中微子，特别是能量在 10~1000GeV 的中微子敏感。科学家希望多年工作后能绘制出南半球大气中微子通量图，或许还能探测到中微子的天体物理点源。ANTARES 完全建成后尚未发布结果。在 ANTARES 附近还有两三个类似的中微子望远

第 5 章　25 个中微子：宇宙信使

图 5-5　ANTARES 水下阵列照片

镜在计划和设计中。

　　中微子检测技术似乎永远追不上理论物理学家的想象。现在有了**超新星中微子背景**的概念。这与**宇宙微波背景的概念**[①]颇为相似。平均而言，宇宙中某处每秒都会有一颗恒星爆炸，故整个宇宙史上发生的所有超新星

[①] 宇宙微波背景（CMB）是大爆炸后宇宙早期阶段的电磁辐射残留，也称残余辐射。用传统的光学望远镜观察天空时，恒星和星系空间（背景）完全黑暗，而足够灵敏的无线电望远镜可检测到微弱的背景噪声。CMB 在无线电频谱的微波波段最强，且在任何方向几乎都一样（各向同性）。CMB 来自大爆炸后约 380000 年电子和质子开始形成氢原子的时期，是宇宙最古老的电磁辐射，故携带早期宇宙的信息，至今仍是宇宙学研究的重要领域。1964 年美国射电天文学家阿诺·彭齐亚斯（Arno Penzias）和罗伯特·威尔森（Robert Wilson）在为贝尔实验室建造一具用于射电天文和卫星通信实验的辐射计时偶然发现了 CMB，并因此获 1978 年诺贝尔物理学奖。事实上，最早从 1948 年就有美国宇宙学家拉尔夫·阿尔弗（Ralph Alpher）等多位科学家预测了宇宙微波背景的存在。

事件产生的中微子残留实际上是一个中微子海洋，每秒或许有数以百计的这种中微子落到每平方厘米的地球表面。这个量就是超新星中微子背景。

原理上这种中微子背景可使我们窥探刚刚诞生的宇宙。依靠电磁辐射包括可见光，我们今日能够看到大爆炸后约 380000 年后的宇宙，我们不能看得更远，因为此前婴儿期宇宙的灼热的原始粒子浆对电磁辐射是不透明的。但中微子不受此种限制，从宇宙诞生后几秒开始，它们就自由地——不与原始物质相互作用——传播。但是，比起太阳和大气中微子来，它们的通量很小，能量很低，检测它们要求克服两道难关。一是低能量中微子检测。迄今的检测方法都有一个阈值，每一种检测器只对高于其检测阈值的中微子敏感。检测超新星中微子背景需要研发不依赖能量的中微子检测技术。二是可分辨不同来源中微子的检测技术。事实上，下面要讲的地球中微子检测也要求这种高灵敏和高分辨力。

读者或许在关心 SN1987A 的最后命运。由于厚厚的宇宙尘，那颗预期的中子星的下落成谜。自 1990 年 8 月以来哈勃望远镜定期对超新星拍照（图 5-2（b）），但也没有明确检测到一颗中子星。30 年后威尔士卡的夫（Cardiff）大学的研究者终于找到了它。他们用智利 ALMA（Atacama Large Millimeter/ubmillimeter Array）望远镜捕捉到它的图像（图 5-2（c）），那是宇宙尘中一个明亮光环中心的一片光斑，其位置与理论预测相吻。

地球中微子

说来也难以相信，在一些方面，我们对于我们居住的这颗小小行星内部的了解还不及对于太阳的了解。近年来，地球物理学家开始通过地球中微子来探测地球的内部结构。地球中微子就是地球内放射性元素自然产生的中微子或反中微子。地球的热辐射功率约为40TW（$1TW=10^{12}W$），相当于来自太阳能量的0.1%。其中一部分热辐射来自地球内部放射性同位素包括钾、钍和铀——主要分布在地壳和地幔中——的衰变。其余的来自地球自生成以来的长期冷却和内核生长等过程。科学家对于地球内放射性热源的功率估计不一，小至10TW，大至30TW。对于这些放射性元素的丰度的估计也无定论。钍、铀和钾的放射性衰变属于β衰变，即一个中子经W^-玻色子媒介的弱相互作用变为一个质子、一个电子和一个电子反中微子的过程。从地球内发射出来的中微子携带丰富的地球物理信息，包括地球在早期太阳系中的形成、地球动力学以及放射性丰度和分布等。

检测大气和太阳中微子的成功使检测地球中微子进入科学家的视野。1984年3位物理学家克劳斯、格拉肖和施拉姆发表了一篇关于地球中微子的论文。这篇论文成为地球中微子研究的开山之作。他们给出地球表面中微子通量的一个估计，并讨论了检测的可能性。据他们的计算，地球表面的中微子通量的量级为10^6，与一个小能量范围内太阳中微子的通量相当，故检测地球中微子要比检测太阳中微子困难得多。

来自钍和铀放射性衰变的电子反中微子可以用庞蒂科夫最初建议的方法来检测，因为它们的能量超过了一定的阈值（1.8MeV）。2005年神冈检测器首次报告他们的地球中微子检测结果。2010年意大利大萨索国家实验室的硼太阳中微子实验（Borexino）为神冈的结果提供了独立验证。2011年神冈发布了一个更新结果：在2135天的检测器时间中（得益于闪光液纯度的提高和附近福岛核电站在海啸后关闭21个月故而本底降低）检测到841个反中微子事件，用统计方法识别其中106个为地球中微子。

硼太阳中微子实验的检测器较小，成绩稍逊，但也在一定程度上独立验证了神冈的结果。

基于神冈的数据，估计地球内钍和铀放射性衰变产生的总热功率为20亿TW，占地球热辐射总量的不足一半。这表明地球形成过程中产生的热仍遗留在地球内部，由此排除了地球已失去其全部原始热而完全依赖放射性为其内部能源的地球物理假设。当然，地球物理学家期望的比这更多。例如，因为陆地地壳内富含产生热的元素，陆地上大部分中微子产生于当地地壳内，故中微子信号模式应与陆地分布显著相关。地球物理学家因此期望找到地球中微子信号的模式。地球中微子数据与地球物理、地球化学模型的综合将帮助我们了解地幔的组成。

据估计，地球放射性热源的99%来自钍、铀和钾同位素。但钾衰变的能量低于阈值，故不能用现在的方法来检测。更完整的检测有待于发展不受能量阈值限制的检测方法（如基于反中微子电子散射）。世界上有许多新的实验正在进行、规划或建设中。加拿大索德伯里的SNO+实验在2017年开始采集数据。中国四川锦屏的**极深地下极低辐射本底前沿物理实验设施**（简称"锦屏大设施"，由清华大学领衔）也计划检测地球中微子。该实验室的闪光液检测器重达20000t，且位于地下2400m，是世界上对宇宙射线屏蔽最佳的实验室之一。中国的江门地下中微子观测站的4000t检测器已经建成。它们将发布什么重大消息，让我们拭目以待。还有一些独特的计划和建议。OBK（洋底KamLand）是建在深海的50000t闪光液检测器。Hanohano（夏威夷反中微子观测站）是深海可移动检测器，远离地壳和核反应堆，以便增加对来自地幔的地球中微子的灵敏度。

第6章
对称和对称破缺

为了使下面的故事讲得顺畅，我们先在本章介绍粒子物理学的有关观念。

我们大家都有对称的概念，这个词儿也常挂在嘴边。古今中外的宫殿和庙宇都是左右对称的，它们给予我们的庄严巍峨的美感至少部分源于对称性。今天的摩天高楼大多也是对称的。自然创造的美丽生灵，包括我们自己，也都是左右对称的。绚丽的蝴蝶是左右对称的，六角形雪花和五瓣梅花也具有对称性，虽然它们的对称不是左右对称。稍微想一想，便知对称其实是在某种变换下的不变性。一只蝴蝶的对称是对其中心轴映射变换的不变性，即镜像映射后得到的图形与原来一样（图6-1）。神庙和宫殿也一样。雪花的对称是在旋转60º变换下的不变性，即旋转60º后得到原来的图形（图6-2）。对称必定是美学中一个神圣的概念。

在物理学中，对称也是指的不变性。这首先是指物理定律对于时间和空间的不变性。

科学有足够的证据表明，物理定律是亘古不变的。在大爆炸创世至今的130亿年中，支配物质世界的基本物理定律始终保持不变。基本物理常数如引力常数、电子电荷、光速永远一样。我们知道，在恒星的星核里数千光年前发生的核反应和我们今天实验反应堆里发生的过程遵守

图 6-1　蝴蝶在镜像映射下不变　　图 6-2　雪花在 60° 旋转下不变

同样的物理定律。这是整个物理定律体系对时间的对称性。同样，科学也有足够的证据表明，物理定律在任何地方——在地球上，在银河系中，在遥远的深空——都一样。这种不变性是整个物理定律体系对空间的对称。简言之，是同样的那些物理定律在任何地方和任何时间——在宇宙尺度和我们所能想象的最小长度和最短时间尺度上——制约着整个宇宙。这种对称性是自然定律和物理定律的定义性质，也是我们认识宇宙和自然的基础。要不然还谈何认识宇宙，认识自然？

诺特定理

更重要的是，物理定律的每一种对称性都对应着一条守恒定律。揭示这一深刻关系并给予定量表述的是德国著名女数学家诺特。她在 20 世纪初证明了诺特定理。诺特定理表明，物理定律的每一种对称性都对应一条守恒定律。具体说，物理定律对时间的对称性对应着能量守恒定律；反之，能量守恒意味着物理定律对时间的不变性。对空间的连续平移是一种变换，物理定律在这种变换下不变。无论你把你的实验向东或向西挪多远，结果都一样。物理定律对空间平移的对称性可表示为对3个空间方向（x, y, z）平移的对称性。物理定律对x, y, z方向空间平移的对称性分别对应x, y, z方向的动量守恒。对空间的连续旋转也是一种变换，物理定律对空间旋转不变——无论你在哪个方向做实验，结果都一样。这种不变性对应角动量守恒。

我们知道，这些守恒定律是经典力学的基础。诺特定理可以说是在对称的意义上重新发现了这些定律。但诺特定理的意义远远超出这几条守恒定律本身。在诺特前从来没有物理学家看透对称与物理学的深刻联系，也不会从基本对称原理来考虑问题。对称通常被看作偶然或技术层面的东西——具有某种对称位形的系统只是特例，比较便于处理，没有更深的含义，在物理学的理论构建中没有作用。就是伟大的麦克斯韦也没有在他的电磁场方程组内发现内在的对称——这要等待爱因斯坦。诺特定理揭示了这些早已存在的守恒定律背后的基础原来是对称，由此从根本上揭示了对称是自然的基本属性。诺特定理被认为是引导现代物理学发展的最重要的数学定理之一。可以说，诺特定理的发现树立了20世纪物理学的一条原则，即我们应当把物理探求牢固地置于对称的支柱上。后来物理学的发展不断证明这条原则的正确和深刻，今天仍然如此。对称可以说是物理学的一种哲学。在后面关于粒子及其相互作用的讨论中，我们将看到自然力原来也来自对称的要求。

艾米·诺特

作为一名女科学家，艾米·诺特的一生因与其作出的重大贡献不相称的遭际而令人叹息。艾米·诺特（1882—1935）出生于德国巴伐利亚地区埃朗根的一个犹太家庭，父亲马克斯·诺特是一位知名数学家。诺特早期想当一名英语和法语教师，后改而决定步她父亲的足迹从事数学。在她那个年代，女性攻读数学是破天荒之事。可是她"错生了女儿身"，当时女性不被大学接纳，她只能以旁听生身份在埃朗根大学（今埃朗根－纽伦堡马克斯弗里德里希－亚历山大大学，她父亲是该校教授）听课。但她完成了课程，于1903年通过了官方的考试（相当于学士）。

诺特之后进入哥廷根大学攻读研究生。她听了那个时代的大数学家希尔伯特[①]、克莱因[②]和闵可夫斯基[③]的课，在1907年完成了博士论文，然后回到家乡埃朗根帮助她那风烛残年的父亲。同时她也开始了自己的数学事业。她作为一名数学家的名声很快开始远播，她在这个时期获得了许多荣誉和嘉奖。

1915年希尔伯特和克莱因邀请诺特到哥廷根大学研究和教学。诺特选择了到哥廷根工作，但没有职位，也没有薪俸。希尔伯特为了容许女性成为大学教员与保守的大学当局斗争，但遭到大部分教员的反对："怎么可以容许一个女人成为一名无俸讲师（大体相当于助教）？……

---

① 大卫·希尔伯特（David Hilbert, 1862—1943），德国数学家，19—20世纪初期最富影响的一代大师，他发现和发展了诸多数学领域，包括不变论、变分法、代数数论、数学物理、数学基础等的基本思想，尤以证明理论和数学逻辑著称。最为人知的是他在1900年巴黎第二届世界数学大会上提出的23个未解的数学问题，包括黎曼假设、哥德巴赫猜想、孪生素数、算术公理的相容性、物理学的公理化等，这些问题几乎规定了20世纪数学的发展道路。
② 菲力克斯·克莱因（Felix Klein, 1849—1925），德国数学家，以在群论、复杂分析、非欧几何等方面的工作著称。
③ 赫尔曼·闵可夫斯基（Hermann Minkowski, 1864—1909），德国数学家，也有说波兰、俄罗斯、立陶宛等），发展解析数论、数学物理和相对论问题的几何方法，最著名的是1907年阐释狭义相对论的四维时空——闵可夫斯基时空。在瑞士苏伊士理工学院时曾是爱因斯坦的老师。

当我们的士兵回到大学，发现他们要在一个女人的脚下学习时，他们会怎么想？"希尔伯特愤怒地回击："先生们，我看不出候选者的性别是反对接纳她为无俸讲师的理由。大学委员会毕竟不是澡堂。"然而希尔伯特仍不能战胜顽固的保守势力，诺特不得不在希尔伯特的名义下授课四年。

诺特在哥廷根的第一项建树就是诺特定理。这件工作当时就受到了物理学界的注意。爱因斯坦对其极尽赞扬，在一封为支持这位年轻天才女数学家的事业致希尔伯特的信中，他用"穿透性的数学思维"来形容她。诺特所处的时代，特别是在德国，数学在希尔伯特的带领下从结构到形式都在发生深刻的变化，物理学正经历爱因斯坦相对论革命。诺特大概受到爱因斯坦从伽利略的相对性和麦克斯韦电磁理论中抽出狭义相对论基本原理的那种新的思维方法的启发，在初生的理论物理领域内树立了诺特定理这一显著的标志。

1919年后诺特在哥廷根从事纯数学领域内抽象代数的研究。她的工作改变了抽象代数的面貌，推动了一个叫作环论的数学分支的创立。到20世纪30年代初，诺特已成为具有世界声誉的数学家。1928—1929年她是莫斯科大学的访问教授。1932年她受邀在著名的国际数学大会（苏黎世）上讲演，这标志着她在抽象代数上的成就已获国际数学界的普遍承认。诺特的数学成就集中反映在20世纪20年代与她合作的荷兰数学家范德瓦尔登有影响的著作《现代代数》（*Modern Algebra*）第二册中（图6-3，图6-4）。诺特还是一位循循善诱、诲人不倦的导师，在与同事和学生的交流中十分慷慨，从不吝于分享自己的创新思想，乐于帮助同

图 6-3　艾米·诺特（1930 年）（原载 Wikipedia, Emmy Norther）

图 6-4　诺特用明信片与同事讨论抽象代数（原载 Wikipedia, Emmy Norther）

事和学生发展自己的事业。她与德国数学家外尔[①]和俄国代数拓扑学家阿历克山德罗夫[②]建立了"隔行"的友谊。

1933 年，就在诺特的数学事业达到顶峰时，德国纳粹上台，掀起了反犹风暴。诺特和所有具有犹太血统的教授都被逐出哥廷根大学。哥廷根大学——当时德国甚至欧洲数学和物理的中心——毁于一旦。在一段时间里，诺特仍坚持为她的学生上地下数学课。1934 年诺特接受美国布

[①] 赫尔曼·外尔（Hermann Weyl, 1885—1955），德国数学家、理论物理学家和哲学家，大半生时间都在普林斯顿高级研究所。他是德国哥廷根希尔伯特和闵可夫斯基传统的继承者，在时间、空间、物质、对称、逻辑、哲学和数学史等方面都有大量著作。

[②] 帕维尔·阿历克山德罗夫（Pavel Alexandrov, 1896—1982），俄国数学家，一生写了 300 多篇论文，对集合论和拓扑学有重要贡献。

莱恩·莫尔（Bryn Mawr）学院的教职。她也受邀到普林斯顿高级研究所讲学。但她说过，她在普林斯顿"这座不接纳一个女性的男人大学"不受欢迎。诺特1935年4月死于卵巢癌。

诺特死后，爱因斯坦、范德瓦尔登、外尔和阿历克山德罗夫联名致悼。特别是爱因斯坦在1935年5月1日所写的悼文（发表于纽约时报）中有下面这样深刻的话：

所幸，有少数人在其生活早期就认识到，人类最美丽和令人满意的经验不是来自外部，而是紧密联系着个人自己的感觉、思维和行动。真正的艺术家、研究者和思想家全都是这样的人。……他们努力的成果是一代人可对其后继者作出的最宝贵的贡献……

……诺特女士是自女性高等教育开始以来产生的最重要的创造性数学天才，在最有才华的数学家已经忙了几个世纪的代数领域中，诺特发现了已被证明对年轻一代数学家具有极大重要性的方法……纯数学可说是逻辑概念的诗……[1]

诺特的骨灰埋葬在布莱恩莫尔学院图书馆回廊外的过道下。许多著名数学家认为她是历史上最伟大的女数学家，数学和物理学界以各种方式纪念她。世界女数学家协会每年举行艾米·诺特女数学家讲座。以色列第二大的巴伊兰（Bar-LLan）大学有艾米·诺特代数、几何和函数理论数学研究所。2013年欧洲物理学会设立艾米·诺特杰出女物理学家奖。1993年她的故乡埃朗根市将她曾就读的中学命名为艾米·诺特中学。

---

[1] Emmy Noether - NY Times obituary - MacTutor History of Mathematics (st-andrews. ac.uk).

同位旋的概念

诺特定理也适用于粒子世界。

第一个这样的应用是质子和中子的强核力行为的描述。20世纪30年代初人们观察到，质子和中子对于将它们束缚在核内的强力的反应十分相似。由此产生了**镜像核**的概念，即核子（质子与中子的统称）数相同但质子数和中子数不同的核互为镜像核，例如同位素锂-7（具有3个质子和4个中子）和铍-7（有4个质子和3个中子）互为镜像核。研究发现，镜像核的结合力的强度，即将核分离为核子所需的能量，是一样的，由此知质子和中子对强力的响应相同。在这种意义上，质子和中子是同一个粒子的两种不同的状态。

德国物理学家，量子力学的奠基者之一，海森伯推崇和倡导对称观念。他指出，把核子束缚在核内的强力的物理定律对质子与中子交换的不变性其实就是一种对称。他假设核子具有某个叫作**同位旋**的物理量。类似于电子自旋的上和下，设质子具有同位旋上，沿某个假设的垂直轴的投影为 +1/2；中子具有同位旋下，投影为 -1/2。核子因具有同位旋故响应强力，如同电子具有电荷故响应电磁力一样，所以同位旋是响应强力的荷。同位旋可在一个**内部对称空间**——名为**同位旋空间**——内旋转，把质子变为中子或相反，更一般地，把一个核子变为质子和中子的一个量子力学混合。强力对于质子、中子或它们的任何量子力学混合不变。怎样理解这种量子力学混合呢？在量子力学中，粒子也是波。质子是波，中子也是波，质子波和中子波各由质子和中子的量子力学**波函数**描述。质子和中子的量子力学混合可理解为两者波函数（按照量子力学定律）

的叠加或组合。强力对质子、中子或它们的任何量子力学组合都一样。

依照诺特定理,一种对称性联系着一个守恒量。强力对于同位旋旋转的不变性对应着什么守恒量呢?分析表明,这个守恒量就是同位旋自身。我们有**同位旋守恒**,即对任何强相互作用过程,过程前、后的同位旋之和不变,不管强力在系统内部如何运行和引起怎样的变化。

简而言之,如果海森伯的同位旋假设成立,强力的行为遵守同位旋守恒。20世纪中叶一些为检验同位旋守恒特别设计的加速器实验证明,同位旋守恒成立。

同位旋表面上与电子自旋十分相似,其实不同。电子自旋是一个实在的可观测物理量(角动量),自旋可在实在的三维空间内用物理方法旋转。同位旋则完全是海森伯"理性思维"的产物。同位旋和它的内部对称空间,是核子受强力作用的物理定律的对称性的一种抽象描述。

当然,海森伯提出同位旋这个概念时,粒子物理尚在黎明阶段,那时夸克尚未发现,人们对强核力所知不多。今天我们知道,核子并不是基本粒子,夸克才是真正参与强相互作用的基本物质组分,核子是连续不断的强相互作用的产物,将核子束缚在原子核内的是核内强力的残余力。真正的强相互作用的分析研究须在夸克水平上进行。但海森伯的这个强力模型在核子层面上的成功仍有重要意义,它第一次把诺特定理从实在的时间和空间推广到**抽象空间**——内部对称空间。

弱同位旋

同位旋的概念可几乎原封不动地搬用到弱力上。弱相互作用的基本规则反映在代的构成上:一个代的两个成员——上成员和下成员——交换时弱力不变。弱力对第一轻子代的上、下成员电子中微子和电子的交换不变；弱力对第二轻子代的上、下成员缪中微子与缪的交换不变，等等。同样，弱力对第一夸克代的上、下成员上夸克和下夸克的交换不变，等等。这意味着每一代两个成员的对称性。换言之，每一代上、下两个成员对弱力而言是一个粒子的两种不同状态，就如费米在构建他的 β 衰变理论时认识到的那样。类似上述质子与中子的同位旋，我们分别赋予轻子代偶的上、下两个成员弱同位旋 +1/2 和 -1/2，例如电子中微子和电子各有弱同位 +1/2 和 -1/2。代偶上、下成员的交换可表达为弱同位旋在其内部对称空间——弱同位旋空间——内的旋转。支配弱核力的物理定律对弱同位旋在其内部空间中的旋转不变。与这种不变性对应的守恒定律是弱同位旋守恒，即任何弱相互作用过程前、后的弱同位旋之和不变。弱同位旋是与弱力对应的荷——弱荷。

自发对称破缺

物理系统受表达对称性的守恒定律的制约，但这并不意味着物理系统都处于对称状态。

物理系统常处于对称破缺的状态，即不对称状态。最典型的例子是**墨西哥帽势**。你一定知道墨西哥宽檐帽（图 6-5）。帽筒从顶尖向帽檐平滑地下倾，在帽檐与帽筒下缘间有一圈沟。设你将一顶墨西哥宽檐帽平放在桌上。沿帽表面重力势能的分布与表面的形状一样，这就是墨西哥帽势。如果把一个球放在帽中央的帽尖上，帽和球的组合系统具有对中心轴的旋转对称性。但球的这个位置是不稳定的，热运动或量子噪声引起的微小颤动可使球略微偏离平衡位置，于是重力势将使它沿帽筒侧壁

第 6 章　对称和对称破缺

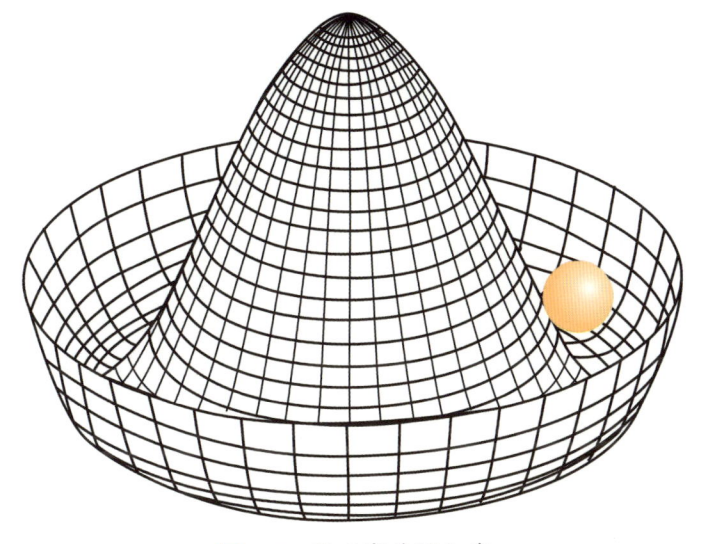

图 6-5　墨西宽檐帽和球

滚落到帽檐的沟里。我们不能预测弹球沿怎样一条路径滚落，最后待在帽沟里哪个位置上，但最后它必定稳定在沟里的某个位置上。这时系统具有最低势能，但失去了它的旋转对称，虽然宽檐帽和球仍保持各自的旋转对称。这种情形叫作自发对称破缺。你很容易联想到类似的例子，比如你不可能把一枚鸡蛋竖立在它的尖上——哥伦布只有把鸡蛋的一头敲破了才做到这一点，你也不能把一支削尖的铅笔竖立在它的尖上。

另一个有趣的例子是一个穿有一颗珠子的圆环，环绕过其直径的垂直轴旋转（图 6-6）。当转速很低时，珠子待在环底的初始平衡点上，这时系统对直径是对称的。当转速超过一个临界值时，这个平衡点变得不稳定，珠子将跃至环上与直径等距离的两个新的平衡点之一，这时系统不再对直径对称。

再看一个不那么直观的例子：一块铁磁体（磁铁）的磁化状态。磁

中微子：物理学中的不可承受之轻

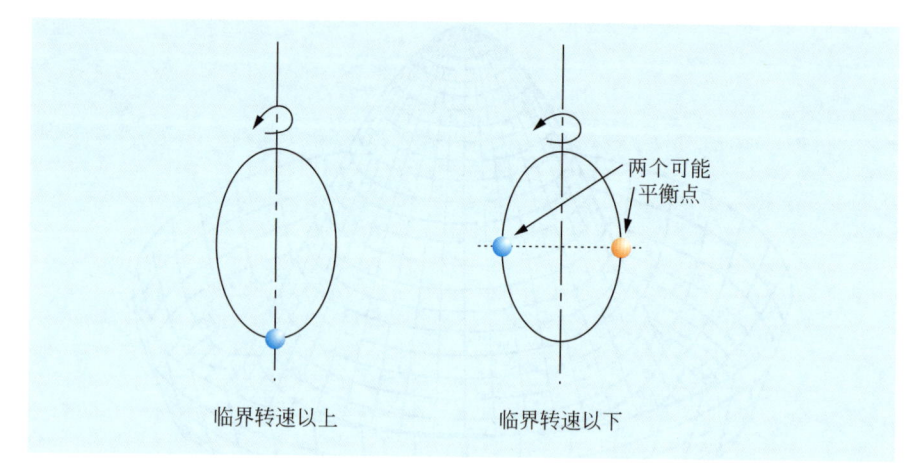

图 6-6　穿有一颗珠子的旋转圆环

铁内每个原子内电子的轨道和自旋运动产生一个原子磁矩，各对应一个微小的磁铁。在常温下这些原子磁铁相互作用，形成有序的排列，结果使磁铁对外显示净磁性。因为磁化具有一定的方向，磁铁作为一个宏观物理系统不具有旋转对称性。若将磁铁加热，达到某个称为**居里点**的温度以上时，热运动压倒了相邻原子间脆弱的磁相互作用，原子磁铁在任何时刻各指向随机的方向，它们互相抵消，结果磁铁对外的净磁场为零。这时系统的宏观磁状态是旋转对称的了。但若我们冷却磁铁，当温度降到居里点以下时，原子磁铁又排列起来，磁铁又显示净磁性，系统失去了旋转对称性。所以，磁铁在居里点以上时是一个具有旋转对称的物理系统，而在居里点以下时失去这种对称性，即对称破缺。

一个物理系统从对称位形自发变到不对称位形的现象叫作**自发对称破缺**。事实上，自发对称破缺是自然中存在的一种普遍现象。从上面的例子中可以看到，自发对称破缺是物理系统在不同能量条件下平衡点发生迁移的现象。在墨西哥势的例子中，自发对称破缺是系统从一个不稳定高势能平衡点自发地选择一个最低势能平衡点。在磁铁的情形下，居里点以上时系统的高能量使它平衡在一个旋转对称（无净磁化）的状态，而在居里点以下时平衡点对应原子磁铁完全排列起来的不对称（净磁化）状态，此时磁铁的能量最小。

下面我们要讲到粒子物理学中一种奇特的对称破缺现象。为此先要介绍**手征性**的概念。

手征性

我们知道，自旋是粒子的内禀性质。粒子自旋这种固有性质可派生出粒子的一种外在性质，叫作手征性。在一名观察者看来，一个运动中粒子的运动方向可与其自旋相同或相反。先回顾一下自旋的概念。一个粒子的自旋表现为它具有一个角动量。尽管自旋是一个相对论－量子力学概念，我们还是可以利用经典力学的概念来把它可视化。我们想象这个粒子是在绕它自己的轴旋转，因而产生一个角动量，好像一枚微小的陀螺产生一个角动量一样。依照定义，角动量的方向与旋转方向呈右手螺旋关系，如图 6-7 所示，角动量的方向也即自旋方向。

手征性可定义如下：如果你看到一个粒子离开你运动时它的运动方向与自旋相同，它是一个**右手粒子**；反之，它是一个**左手粒子**。（更严格的说法是，如果一个粒子的动量在自旋方向的投影为正，它是一个右手粒子；如为负，是一个左手粒子。）

手征性有赖于观察者，就是说，可随观察者参考系而异。按上述定义，如果你看见一个粒子离你远去时运动方向与自旋相同，它是一个右

中微子：物理学中的不可承受之轻

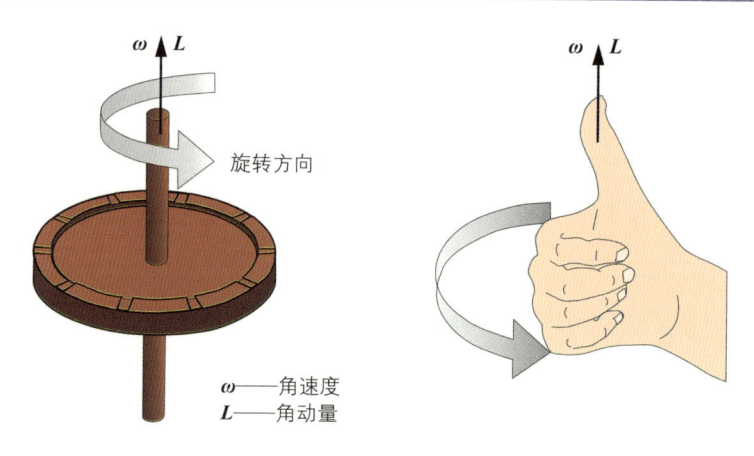

图 6-7　角动量（自旋）方向的定义

手粒子。可是如果你此刻开始赶上它（比它运动得快），你看见一个冲你而来的粒子，它的运动方向与自旋相反：它变为一个左手粒子。一个有质量的粒子如电子永远小于光速运动，它的手征性可因观察者的运动速率快于或慢于它而异。但无质量粒子的手征性永远不变。一个无质量粒子如光子永远以光速运动，而观察者不可能以光速运动（根据狭义相对论，任何有质量的物体以光速运动要求无穷大能量），故观察者看到它永远是左手或右手粒子，即其手征性不变。

手征性看起来是个简单的概念，但在粒子物理中有意想不到的含义。

日常经验告诉我们，镜子里的世界——真实世界在镜子里的映像——与真实世界没有什么不同，除了左右交换。一个右旋螺钉（顺时针旋转时它往前进）的镜像是一个左旋螺钉（逆时针旋转时它往前进），尽管我们通常使用右旋螺钉，在一些特殊的地方我们也使用左旋螺钉。假设你做一个实验，得到一定的结果；你照这个实验的镜像做一个实验，得到的结果还是一样。在物理学中，镜像映射有个更学术气的名称，叫作**宇称**

反演。执行宇称反演的镜子叫 P 镜。与空间平移或旋转这类连续变化不同，宇称反演是一种要么有要么无的运算，所以属于所谓**离散对称运算**或变换。在宏观世界中，物理定律对宇称反演不变。在粒子世界中，宇称反演不变也成立吗？

宇称不守恒

先看一个在空间运动的粒子，比如一个电子。假设它是个左手电子，就是说，它的运动方向与其自旋相反。现在你对它做宇称反演运算——将它映射到 P 镜里。你看见镜子里的电子是一个右手粒子（不要忘记，按定义，手征性取决于粒子离你前去时你看到的旋转方向。所以要判定镜像粒子的手征性，你得把头转过来，看粒子从你身后向前运动）。所以 P 变换改变粒子的手征性。也就是说，宇称反演改变粒子的手征性。

粒子与其镜像粒子，也即左手和右手粒子，在相互作用中的行为一样吗？看来是的，难道有什么理由使它们的行为不同？事实上，20 世纪 50 年代初几乎所有的物理学家都相信**宇称守恒**，即物理定律对宇称反演不变。宇称守恒也对应一个守恒量，这个量叫**宇称**，它只有**奇**和**偶**两个可能值。简言之，一个受宇称不变的物理定律支配的系统永远保持其宇称不变。

20 世纪 50 年代有一个让物理学家感到迷惑的所谓 θ/τ 佯谬。θ 和 τ 是两个在宇宙射线中发现的粒子，属于介子（介子是一个夸克与一个反夸克被强核力结合在一起的色中性组合，见第 1 章）。这两个粒子具有同样的质量和寿命，且衰变为一组类似的粒子，唯一的差别是它们衰变后的系统分别具有奇和偶宇称。这就产生了问题：如果宇称守恒成立，那么它们是不同的粒子，但不同的粒子可具有完全一样的性质吗？如果它们是同一粒子，有时衰变为奇宇称系统，有时衰变为偶宇称系统，那么宇称不守恒？

那时的物理学家都无条件地相信宇称守恒，对这个"佯谬"困惑不已。独有两位年轻的华裔物理学家李政道（其时在哥伦比亚大学）和杨振宁（其时在普林斯顿大学）摆脱了直觉思维的惯性，决定彻底考查弱相互作用是否遵守宇称守恒。他们仔细研究粒子相互作用的实验结果，发现宇称守恒对电磁相互作用和强相互作用成立，却没有证据表明对弱相互作用成立。他们的理论研究也表明，宇称守恒对弱相互作用未必成立。他们在发表于 1956 年 6 月的一篇题为"弱相互作用中宇称守恒问题"的论文中提出了这种观点，同时也提出了检验弱相互作用中宇称守恒的一些可能方法。

两位物理学家求助于李政道在哥伦比亚大学的同事，华裔实验物理学家吴健雄（我们在第 3 章中已经遇见过她）。因为 β 衰变上的出色工作，那时吴健雄已是一位知名实验物理学家，以精细和周密著称。经过六个月的紧张工作，在低温物理学家安布勒的协助下[①]，吴健雄在 1956 年底完成了一个"在实验桌上"（不使用来自加速器或高能宇宙射线的粒子）做的实验。它通过比较均匀磁场中放射性钴 -60 样本在低温下 β 衰变时发射的左手和右手电子的多寡，来检验弱相互作用在宇称反演下的行为。钴 -60 核具有 60 个核子（27 个质子和 33 个中子），它不稳定，通过 β

[①] 由于钴 -60 实验需要低温技术，吴健雄与华盛顿国家标准局由欧内斯特·安布勒（Ernest Ambler）领导的一个低温物理学家小组合作完成这个实验，故这个实验有时称为吴－安布勒实验。

衰变将一个中子变为一个质子而分解为镍-60，同时发射一个电子和一个电子反中微子。如将磁场里的钴-60样本冷却到接近绝对零度，其核内核子的自旋轴将向磁场方向排列。在这种条件下由角动量守恒可以证明，核衰变发射的电子中，右手电子向钴-60核自旋的方向发射，左手电子向相反的方向发射。如果宇称守恒，即弱相互作用在宇称反演下不变，两个方向的电子应一样多。如果左手电子比右手电子多，则弱力偏向左手粒子，反之则偏向右手粒子。结果吴健雄的实验发现，左手电子显著多于右手电子，由此证明弱力偏向左手粒子。这个实验与当时大多数物理学家的期望相反，一举验证了弱相互作用宇称不守恒，后来被称为**吴实验**。

1957年1月3日吴健雄将她的实验结果告知李政道。次日（星期五）李政道在哥伦比亚大学物理系的例行午餐会上与哥伦比亚大学同人分享了这一消息。哥伦比亚大学实验物理学家莱德曼深受启发，在驱车回哥伦比亚大学实验室的路上突发灵感，构思出一个通过μ衰变检验宇称违反的简单易行的实验。他与同事加温和研究生维因里奇迅速在哥伦比亚大学的实验加速器上实施了这个实验，仅三天后，即下个星期二早上六点，他们就得出了结果。这个结果不但给予吴实验以独立验证，还进一步确定了宇称违反的程度。

钴-60是一个具有60个核子的复杂系统，吴实验虽足以显示宇称违反现象，但对宇称违反的程度不能作出定量的回答。我们知道，μ轻子经弱相互作用衰变为一个电子、一个μ中微子和一个电子反中微子：$\mu^- \to e^- + \nu_\mu + \bar{\nu}_e$（见第1章）。利用角动量守恒，可以计算顺和逆（衰变前）μ轻子飞行方向发射的电子的数目。他们由此预测，如果只有左手粒子响应弱力，顺和逆 μ 轻子飞行方向发射的电子数目之比应为 1∶2，反之为 2∶1。如果宇称守恒，即弱力对两者无偏向，此比例为 1∶1。他们的实验结果发现，顺和逆的比例恰为 1∶2，即只有左手粒子参与弱相互作用，右手粒子对弱力是"惰性"的——没有响应：宇称违反到了最大程度。更确切地说，莱德曼等的宇称违反实验表明，**只有左手费米子或右手反费米子参与 W 玻色子为媒介的弱荷流相互作用**（以 Z^0 玻色子为媒介的弱中性流相互作用的宇称违反更为复杂[①]，我们不予讨论）。哥大在 1 月 15 日发布了这个实验的消息。这个实验可能创造了从概念到实验验证间时间最短的纪录。

记着宇称不守恒，让我们再来看 μ 衰变。依照宇称不守恒，只有左手粒子和右手反粒子参与弱相互作用，故在 μ 衰变 $\mu^- \rightarrow e^- + \nu_\mu + \bar{\nu}_e$ 中出现的粒子中，μ、μ 中微子和电子是左手粒子，电子反中微子是右手粒子。不错，是这样。但这并不是说，存在一种对弱相互作用"活性"的左手 μ 和一种"惰性"的右手 μ，前者会衰变，后者不会衰变。不是这样。μ 就是 μ，但依照量子力学原理，一个有质量的粒子具有左手和右手两种状态，质量使它在这两种状态间不断变换或振荡：左—右—左—……。一个静止的 μ 在左右两个状态间急速颤动，虽然那时似乎没有一个可与自旋比较的运动方向。一个运动的 μ 也在左右间快速振荡。只有在其速率趋近光速的理想情形下，时间冻结，μ 才变为一个独立的左手或右手粒子。μ 在左右振荡中保持电荷不变，自旋不变，即满足电荷守恒和角动量守恒。

[①] Z^0 玻色子理论预测的存在尚在弱相互作用宇称不守恒发现十年之后。其后以 Z^0 为媒介的中性流弱相互作用的宇称违反经过了差不多 30 年的迂回曲折的理论和实验研究，最终证明它偏向左手粒子，即对于左手粒子它比右手粒子更易发生——两个左手粒子的相互作用强于两个右手粒子或一左一右两个粒子的相互作用。

所以，并不是一个固有的左手 μ 发生衰变，而是 μ 衰变一定是在它振荡到左手态时发生，图 6-8 更详细地重画图 1-3 的下半部。一个 μ 在左右振荡中前行，在某个具有左手态的时刻衰变，变为一个 W^- 玻色子和一个 μ 中微子，两者都是左手粒子。

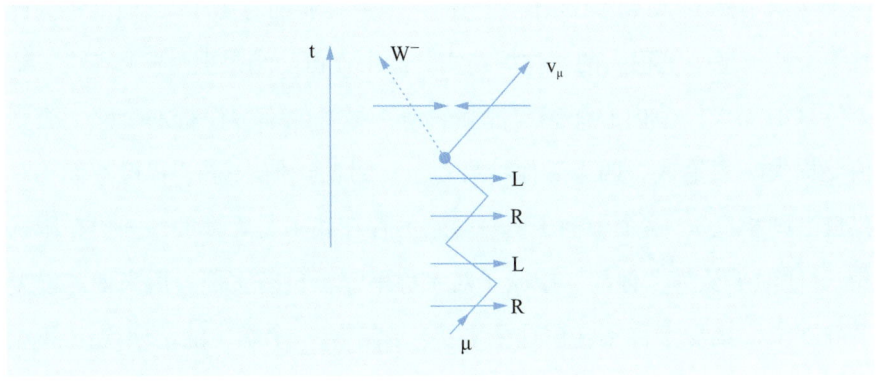

图 6-8　左手 μ 衰变。图中的水平箭头表示 L 和 R，箭头与粒子方向呈锐角时为 R，呈钝角时为 L

宇称不守恒或宇称违反是自然的一种对称破缺。它的确立推翻了宇称守恒不证自明的信条。这是物理学史上一件大事，它震撼了当时的物理学界。我们从哥大当时的物理系主任，著名科学家 I. 拉比在莱德曼实验的新闻发布会上所说的一段话中可见一斑。他说："在一定意义上，一个很完全的理论结构从根基上倒塌了，我们不知道如何将碎片拼接起来。"宇称不守恒发现后的一个时期往往被称为物理学中的"光荣革命"，也称"中国革命"。无怪乎诺贝尔奖委员会在吴实验证明宇称不守恒后，立刻承认了这一发现的重要意义。李政道和杨振宁共享 1957 年诺贝尔物理学奖。

听听泡利对宇称不守恒这一重要发现的态度。泡利是一位对称观念的虔诚崇信者。他在 1954 年底提出泡利 CPT 定理。定理说，量子力学和相对论的基本方程在 CPT 变换（他称为"强反射"）下不变；C 表示荷共轭，P 即宇称反演，T 表示时间反演，CPT 表示这 3 种变换的联合。这条定理至今成立，被认为是泡利对物理学的第三大贡献。我们将在适当的地方再讨论。当李政道和杨振宁提出宇称不守恒猜想时，他对宇称守恒仍深信不疑。他说他不相信"上帝是一个柔弱的左撇子"，他准备为此打一个赌，把一笔很大的赌注押在实验给出守恒的结果上。3 个实验[①] 结果传来的那天，他内心深感震惊和失望，尽管他幸亏没打那个赌，否则怕要损失一大笔钱。四天后他给吴写了一封信。信中说："我祝贺你（对我自己则相反）。这个中微子——对它的存在我不是无辜的——仍在困扰我。"他似乎认为"他的"中微子对宇称不守恒负有责任。后来他才慢慢平静下来，接受宇称不守恒这个事实。他在给一个学生的信中说："我对上帝偏爱左手这个事实倒不那么震惊，更让我震惊的是，当他强烈地表达自己时他仍是左右对称的。简而言之，真正的问题现在似乎是这个问题：为何强相互作用是左右对称的？"后来的发展表明，要解释的是为什么弱相互作用左右不对称，也就是说，是什么造成了弱相互作用的左右对称破缺。这也将回答为何强相互作用是左右对称的。我们将在第 7 章讨论这个问题。

上面说，电子、μ 和 τ 的弱同位旋均为 $-1/2$，相应中微子的弱同位旋均为 $1/2$。因为宇称最大违反，这句话需要加以修正。左手的电子、μ 和 τ 的弱同位旋均为 $-1/2$，左手的电子中微子、μ 中微子和 τ 中微子的弱同位旋为 $+1/2$，所有右手带电和不带电轻子（电子、μ、τ 及它们的中

[①] 在莱德曼实验前芝加哥大学有一个类似的实验已进行数月，但其结果发表于前者数日后。

微子)的弱同位旋均为零。

本章余下的篇幅要贡献给上面讲到的 3 位伟大物理学家，杨振宁、李政道和吴健雄。李政道、杨振宁两位估计读者都很熟悉，他们的事迹和活动常见于媒体，要在这里给予简单的介绍，很难落笔。尽管如此，因为他们在现代物理学上的伟大功绩，我们还是要对他们的学术生涯作极简要的叙述。吴健雄是一位杰出的实验物理学家，成就卓著，特别是证明宇称不守恒的实验使她蜚声国际物理学界。人们拿她与居里夫人并列，称她为"中国居里夫人""核研究女王""物理学第一夫人"。在宇称不守恒实验后 21 年，吴健雄获得首届沃尔夫物理奖[①]。

杨振宁

杨振宁 1922 年出生于安徽合肥，父亲杨克纯是一位数学家。杨振宁自幼在北京读小学和中学，1937 年日军侵华后相继迁至合肥和昆明，同年以高中二年级生考入西南联大，1942 年在吴大猷指导下完成大学学业，继在西南联大王竹溪指导下读研究生，1945 年西南联大回迁后获清华大学硕士学位。1946 年杨振宁赴美，在芝加哥大学攻读博士学位，从匈牙利-美国理论物理学家泰勒研究核反应，两年后即获博士学位。（我们或许应该提到，杨振宁的大学、硕士和博士导师都是杰出人物。吴大猷是开创中国物理科学的老一辈科学家，曾任中研院院长，有"中国物理学之父"之称。王竹溪是中国著名物理学家、语言学家和作家。泰勒被称为"美国氢弹之父"。）杨振宁作为费米的助手在芝加哥大学一年后，1949 年获

[①] 以色列 1978 年设立的一个物理、化学、数学、农业和艺术的国际奖。物理和化学奖被认为是仅次于诺贝尔奖的荣誉。

邀赴普林斯顿高级研究所从事研究工作，1955 年成为教授，1963 年普林斯顿大学出版他的教科书《基本粒子》(*Elementary Particles*)。自 1963 年始杨振宁在石溪纽约大学任职，被授予阿尔伯特·爱因斯坦物理教授职位，并任新建的理论物理研究所第一任主任，今日该所称为杨振宁理论物理研究所。1956 年杨振宁与李政道共同提出宇称不守恒，获得了 1957 年诺贝尔物理学奖，这也是中国人第一次获得诺贝尔奖（图 6-9）。杨振宁的另一项突破性工作是与米尔斯合作的杨－米尔斯理论，这项工作把规范理论引入粒子物理，使其成为后来三十年粒子物理发展的基本理论框架（见第 7 章）。除了这两项最重大的贡献，杨振宁在粒子物理、统计力学、凝聚物质物理（量子玻色液体的性质、超导体通量量子化等）等方面都卓有建树，以杨氏冠名的理论、模型、定理和方程不在少数。如统计力学中的李（政道）－杨定理，超导体内磁通量子化的贝尔斯（Byers）－杨

图 6-9　杨振宁（1957 年）

定理，规范理论拓扑性质的吴（大峻）- 杨磁单极、多物体系统的杨 - 巴克斯特（Baxter）方程等。不过这些都过于专业和深奥，且在宇称不守恒这项几乎举世皆知的成就的"阴影"之下，不被一般人所知罢了。杨振宁对物理学的贡献为他赢得了当之无愧的荣誉。除诺贝尔奖外，他荣获许多重要奖项，其中有美国国家科学奖、爱因斯坦科学奖章、美国哲学学会杰出科学成就等。他是中国科学院、美国科学院、俄国科学院院士，英国皇家学会会员。

1971 年杨振宁在阔别祖国 25 年后第一次回到故土，从此开始对中国物理科学的重建和发展作出不可替代的引领性贡献。自 1999 年从石溪纽约大学荣休后他回归祖国，任清华大学高级研究中心教授，香港中文大学讲座教授等。

李政道

李政道（1926—2024）出生于上海（图 6-10），祖籍苏州，其父李骏康是中国现代化学（合成肥料）工业的先驱；祖父李仲覃是苏州圣约翰教堂的主任牧师。李政道在上海读中学，抗日战争爆发阻断了他的学业，未能高中毕业。17 岁他考入浙江大学（时迁至贵州）化工系，或许是想继承其父的事业。但他很快展露其天赋和对物理学的兴趣，旋即转入物理系，受到好几位教授包括物理学名家王淦昌和束星北的悉心指导。一年后李政道进入昆明西南联大攻读物理专业。他的导师也是吴大猷。抗战胜利后，在吴大猷举荐下李政道获政府奖学金于 1946 年赴美芝加哥大学，他是费米亲自选拔的博士研究生，1950 年以"白矮星的氢含量"研究获博士学位。1950—1951 年他先在伯克利加州大学等地短暂工作，后

图 6-10　李政道（1956 年）

经奥本海默引荐入普林斯顿高级研究所任研究员，奥本海默赞扬李政道是当时"最聪明的理论物理学家之一"，他的发现"异常之新，多面和独特"。1953 年李政道转到哥伦比亚大学任助教。他在哥伦比亚大学的第一件工作是提出了量子场论的一个可解模型，今日称为**李模型**。1956 年李政道即以杰出的研究成果晋升为正教授，时年 29 岁，成为哥伦比亚大学史上最年轻的教授。此时他专注于研究 K 介子衰变之谜（即上述 θ/τ 佯谬，后来这两个粒子称为 K 介子），1956 年初他认识到揭开此谜的关键是宇称不守恒。斯坦伯格（见第 4 章）等的第一次实验检验结果给出宇称不守恒的很微弱的迹象，受此鼓舞，他与杨振宁对弱相互作用中宇称守恒问题做了全面和彻底的研究，终于在 1956 年 6 月共同提出宇称可能不守恒，并同获 1957 年诺贝尔物理学奖。李政道获奖时 30 岁，至今仍保持战后最年轻的诺贝尔物理学奖获得者纪录，也是所有诺贝尔物理学奖获得者中最年轻的三位之一（其中另一位海森伯，获奖时也是 30 岁）。1960—1963 年李政道任普林斯顿高级研究所教授，此后回哥大担任恩里克·费米讲座教授，直至退休。

李政道的研究范围广泛，包括粒子物体、统计力学、天体物理、流体力学诸领域。重要成果中有 20 世纪 60 年代的李–杨定理、1964 年 QCD（量子色动力学）中的李–瑙恩伯（KLN）定理；1974—1975 年以"高密度物质的一种新形式"一文开创了至今仍占高能核物理领域主要地位的相对论重离子碰撞（RHIC）研究；1983 年的论文"时间可为一个离散动态变量吗？"开创了一种以差分方程描述但仍遵守连续平移和旋转对称的基础物理等。1997—2003 年李政道担任美国 RIKEN-BNL 研究所主任，领导哥伦比亚大学一批平均年龄 28 岁的年轻科学家于 1998 年研制成万亿次浮点运算的 QCDSP（用于 QCD 计算的超级并行计算机），2001 年研制成十万亿次浮点运算的 GCDOC（QCD on a chip——一块芯片上的 QCD，用于大规模并行计算）。李政道年过 80 而精力不减，创新不止，令人仰慕。他在哲学和艺术上也颇有造诣。李政道当之无愧地获得无数荣誉。除了诺贝尔奖，他遍获美、中、法、意、日、瑞典等国许多最高级的科学和人文奖项，包括 2015 中国文化人物奖。他是中国科学院（外籍）院士、美国科学院院士、美国艺术与科学院院士。

李政道也为发展中国的物理科学事业竭尽努力。早在 20 世纪 80 年代他创立 CUSPEA（中美物理学测验和申请）计划，帮助了改革开放早期一大批中国学子赴美深造。1998 年为纪念他三年前逝世的妻子秦惠君，李政道设立了惠君–政道奖学金，授予北京大学、复旦大学等六所中国高校的 2~3 年级学生。2006 年，李政道任北京大学高能物理研究中心主任，2018年任上海交通大学李政道研究所名誉所长。李政道是中国国际合作奖获得者。

李政道84岁从哥大荣退。哥大为此举行招待会，哥大校长致辞中说："李政道已成功进入他不断推进粒子物理研究前沿的第84个年头，他的不可逾越的事业在每个重要方面都代表哥大最好的方面。"李政道本人在招待会上散发了一本231页的小册子，其中包含他自2006年以来发表的重要论文，书前印着：学而时习之，不亦说乎！

杨振宁和李政道，这两颗明星在物理学众星的天空中划出了他们亮丽的轨道，有一段他们是并行的。

吴健雄

吴健雄1912年出生于江苏太仓，幼时在其父吴仲裔创办的明德女子小学上学，11岁就读苏州第二女子师范学校。当时师范因免学费，竞争激烈，吴健雄在一万名考生中以第九名的成绩被录取。1929年吴被南京中央大学录取，入学前先按政府规定在胡适主持的中国公学教书一年。1934—1938年吴健雄在中央大学先学数学后学物理，在此期间，她参加学生抗日爱国运动，曾作为学生代表在南京总统府静坐，要求蒋介石接见。大学毕业后吴健雄在浙江大学做了两年研究生兼助教，此后成为中研院物理研究所研究员。吴健雄在其叔叔资助下于1936年赴美，木拟赴密歇根大学，但在加州遇到了袁家骝——袁世凯的孙子，她后来的丈夫。在袁家骝带领她参观了伯克利加州大学的辐射实验室后，她决定在伯克利就读。她的导师是放射实验室主任、以发明同步加速器获1939年诺贝尔物理学奖的劳伦斯，她也与塞格雷密切合作。吴健雄于1940年完成博士学业，关于 β 衰变的博士论文奠定了她日后成为这方面权威的基础。但即使在劳伦斯和塞格雷的推荐之下，吴健雄仍未能获得伯克利的教职，只能在辐射实验室做博士后——大概在加州这样开风气之先的地方，性别歧视仍然存在。

1942 年吴健雄与袁家骝成婚并移居美国东海岸。她先在史密斯学院任教，后就职于普林斯顿大学。1944 年吴健雄为哥伦比亚大学"曼哈顿计划"的替代合金实验室工作。1945 年，《时代》杂志评选吴健雄为 1945 年度杰出女性（图 6-11）。"二战"后吴健雄接受了哥伦比亚大学研究副教授职位，从此一直在该校任职（图 6-12），1952 年成为教授，1956 年完成著名的吴实验，1958 年入选美国科学院院士。

图 6-11 《时代》杂志评选吴健雄为 1945 年度杰出女性的封面

图 6-12 吴健雄 1957 年在哥伦比亚大学

吴健雄致力于 β 衰变研究。1963 年她用实验证明费米 β 衰变模型的一个普适形式。她通过一系列双 β 衰变实验证明弱相互作用中荷共轭（C-对称，见第 7 章）不守恒。她验证了量子力学中向不同方向传播的一对纠缠光子偏振关联的理论计算。她甚至进入医学研究，揭示了镰状红细胞病的分子变化。她与莫兹科夫斯基合著的《贝塔衰变》（*Bata Decay*）一书成为这方面的重要著作。她成就卓著，获得的各种奖项和荣誉无数。1975 年吴健雄当选为美国物理学会第一位女会长。颇有讽刺意味的是，就在同一年哥伦比亚大学才把她的薪资调到同等男性人员的水平。1964 年她在 MIT 的一次会议上发问："难道微细的原子或原子核或 DNA 分子偏爱男性或女性来摆弄它们吗？"阔别 37 年后，吴健雄第一次回到祖国。这时她的父母和兄长早已亡故，他的叔叔和兄弟也在"文革"中身亡，她父母的坟墓被毁。周恩来接见了这位蜚声国际的女科学家，为她父母的坟墓被毁道歉。吴健雄于 1981 年以荣誉教授退休。她逝于 1997 年，享年 84 岁。她的骨灰按她的遗愿安葬在明德学校的后院里，校内有她的塑像。2020 年 3 月美国《时代》杂志评选出过去一个世纪的 100 位杰出女性并推出这 100 位女性的封面，吴健雄为 1945 年度杰出女性。2020 年美国邮政决定于 2021 年发行印有吴健雄头像的永久邮票。

第7章
希格斯玻色子：质量从哪里来？

中微子震荡表明中微子具有非零质量。精密的中微子震荡实验给出了中微子质量平方差的一些估计，但不能直接得到中微子的质量。事实上，早在发现中微子震荡以前，物理学家一直循另一条路径探测中微子的质量。费米早就指出，中微子质量的线索是在β衰变发射的电子的能谱中。如果中微子无质量，它带走的能量可任意小，故电子能谱应延展至相当于全部衰变能量之值。如果中微子有质量，它至少带走相当于其质量的质能 mc^2，故电子能谱可达到的最大值应比全部衰变能量小，差值等于中微子质能。因此从理论上说，只要能以足够高的精度测量β衰变电子能谱的高端，便可获得中微子质量的信息。

20世纪40年代末以来，物理学家就循着这条路径测量中微子质量，迄今这种努力已达70年之久。他们选择用重氢同位素氚（超重氢）为衰变源。氚衰变得足够快（半衰期为12.3年），且衰变能量很小，仅为18.6keV；也就是说，氚衰变时发射的电子和中微子分享18.6keV的能量。如果中微子有质量，对电子能谱将有可觉察的影响。实现这种方法的是一种叫作光谱仪的器件，其工作原理大体如下。用适当的磁场和电场将β衰变产生的电子引入光谱仪的真空室，使它们平行地朝着一个极性相反的电场运动，故受到拒斥。改变拒斥电场的强度可使能量低于一定水平的电子达不到检测器，高于此水平的电子才能被检测。1949年第一个报告的结果是中微子质能不大于500eV（约为电子质量的千分之一）。随着光谱仪精度的提高，此后的测量得到的结果大约是每8年减半，所以有学者说中微子质量好像也有一条摩尔定律。及至2001年，中微子质量的上限为2eV（质子质量的万亿分之一）。

德国卡尔斯鲁厄理工学院建造了一个高精度中微子实验，简称KATRIN（Karlsruhe Tritium Neutrino Experiment，**卡尔斯鲁厄氚中微子实验**）。这个实验仍用老方法，但要达到前所未有的精度，其目标是把中微子质量的上限降低到0.2eV。2004—2006年KATRIN建造了一台巨大的光谱仪，高10m，宽10m，长24m，重达200t。其银色不锈钢外壳的形状像齐柏林飞艇，里面是号称世界最大的真空腔。

这个庞然大物超过了德国高速公路桥的高度限制，无法经400km高速公路将其从巴伐利亚的制造地运送到卡尔斯鲁厄。他们将其装载到船上，经多瑙河入黑海，然后在三艘不同的船上经博斯普鲁斯海峡、亚得里亚海、地中海、大西洋，绕过整个欧洲到达莱茵河口，从那里上溯至一个叫莱奥普特沙芬（Leopoldshafen）的小镇。这是一场长达9000km的奥德赛之旅。最后用欧洲最大的吊车将它装载在一辆十四轮平板拖车上，后者以每小时2~3km的速度缓慢爬行到卡尔斯鲁厄技术研究所（KIT）的实验室，沿途原有的交通设施包括交通灯和两条有轨电车线路都被拆掉，为其让路。即使这样，也只剩下几厘米的空间可供这庞然大物通过（图7-1）。2019年9月KATRIN宣布，从2019年3—5月的第一批60天采集的数据中得到电子中微子质量的上限为1.1eV。2025年4月，Science发表了KATRIN的一项新研究成果，研究人员重新设定了这种"幽灵粒子"的质量上限——0.45eV，即不到电子质量的

第 7 章 希格斯玻色子：质量从哪里来？

图 7-1　KATRIN 的"齐柏林飞艇"途经莱奥普特沙芬小镇

百万分之一。

将 KATRIN 与中微子震荡实验的现有结果结合起来，我们知道，中微子有非零质量，电子中微子质量的上限值为 1.1eV。

另外，物理学家探索更深层的问题：中微子如何获得质量？为什么中微子质量比起其他基本粒子来如此之小？

在中微子被确定有质量前，物理学家相信中微子无质量。所以他们的问题不是"中微子为什么有质量？"而是"中微子为什么没有质量？"

"中微子为什么无质量？"这是巴基斯坦年轻学子萨拉姆[①]在博士论文答辩时，英国著名核科学家佩尔斯（我们已经遇见过他，他是"二战"

---

① 阿卜杜勒·萨拉姆（Abudus Salam, 1926—1996），1960—1974 年曾任巴基斯坦科技部长的科学顾问，除对该国科学事业的发展作出贡献外，在巴基斯坦的核能应用以及特别是 1972 年的原子弹计划中有重要作用，被称为该计划的"科学之父"。

期间英国核计划的领军人物）向他提出的一个问题。萨拉姆答不出这个问题。不过佩尔斯承认他自己也答不出。

萨拉姆是巴基斯坦人，他14岁那年在庞遮普大学的入学考试中取得了破纪录的高分，骑自行车回乡时受到乡亲们的夹道欢迎。六年后他获得一份奖学金进入英国剑桥大学。在剑桥读博期间他解决过曾难倒狄拉克和费曼的问题，他的杰出的博士论文"量子场论的发展"在他25岁就为他赢得了国际声誉。

有一次萨拉姆在美国西雅图参加一个会议，日间听了李政道和杨振宁关于宇称不守恒的报告，夜间搭乘一架美国空军运输机（他不富裕，搭这架便机可以省掉机票费）返英。在嘈杂的机舱里通宵飞行，他难以成眠。"中微子为什么无质量？"的问题又萦回脑际。突然，李政道和杨振宁的宇称不守恒触发了他的灵感。

已知中微子参与弱相互作用，假设宇称不守恒，它该是左手粒子。如果不存在右手中微子，中微子就必须无质量。因为一个粒子若有质量，依照狭义相对论，其速率必小于光速，故原理上可被一名观察者赶上，使手征性发生跃迁，左变右或相反（见第6章）。简言之，一个粒子左与右两个手征性并存与具有质量等价。只有无质量粒子如光子永远以光速运动，一个无质量粒子的手征性永远不变。所以结论是，只要标准模型内不存在右手中微子，中微子必无质量。

反之，假设中微子有质量，则右手中微子存在。但依照宇称最大违反，它不参与弱相互作用，故不携带相应的荷即弱荷。但已知左手中微子参与弱相互作用——具有弱同位旋，故同位旋守恒排斥了右手中微子的存在。结论还是右手中微子不存在，故中微子无质量。

第 7 章　希格斯玻色子：质量从哪里来？

　　萨拉姆为这一顿悟兴奋异常。第二天一早飞机触地，他急忙下机，直奔他剑桥的办公室写下他的推理，然后搭火车到伯明翰去见佩尔斯，问他是不是同意他的意见。可是后者对此兴味索然，说他根本不会去碰什么左右对称违反。失望之余他想到泡利，于是赶到日内瓦的 CERN（欧洲核研究组织或欧洲粒子物理研究所）[1]，把他的论文交给泡利的一位合作者，一天后就收到了泡利的回复："请向我的朋友萨拉姆致意。告诉他，想些别的什么更好的。"萨拉姆极其沮丧。所幸不久后吴健雄和莱德曼实验的消息传来，泡利旋即向他致歉。萨拉姆备受鼓舞。他把他的想法推广到带电轻子，将结果寄给泡利。不料泡利的反应并不比第一次好。他回函说："你的普遍化的目标纯属胡诌。"泡利说的没错，他的意思是：年轻人，照你这么说，有质量的粒子如电子或较重的 μ 和 τ，都必须是无质量的了！

　　今天我们知道中微子有质量，所以萨拉姆考虑的问题错了。但他的这番思考仍不失其启迪。它道破了质量与左-右变换的等价性。只有以

---

[1] CERN (European Organization for Nucleon Research)，欧洲核研究组织，现常被称为欧洲粒子物理实验室（European Laboratory for Particle Physics），创立于 1954 年，位于日内瓦郊外法国-瑞士边界，现为世界最大的粒子物理实验室，有 23 个正式成员国（除以色列外均为欧洲国家）。除拥有一个 6 台加速器的网络外，CERN 最大最著名的加速器是大强子对撞机（LHC），位于法国-瑞士边界地下 100m 深处，其隧道周长 27km。沿对撞机建有 8 个复杂和庞大的粒子物理实验。2010 年 LHP 高能质子束射束的能量达到每个质子 3.5TeV（3500GeV）。1973—2012 年，CERN 取得了许多重要科学成就，包括文中提及的弱中性流的发现、W 和 Z 玻色子的发现、产生反氢原子和 2012 年 LHC 发现希格斯玻色子等，产生了多名诺贝尔物理学奖获得者。全球互联网始于英国和比利时计算机科学家伯纳尔斯-李（Tim Berners-Lee）和科利奥（Robert Caillou）在 CERN 创建的为全球核研究组织分享和分布处理数据的超文本和超链接网络，该网络于 1991 年开始运行，1993 年 CERN 宣布全球互联网供公众无偿使用。CERN 是联合国正式观察员。CERN 尚在规划其未来发展，LHC 已在 2019 年开始升级工程。

光速运动的粒子具有不变的手征性（左或右）。任何有质量的粒子永远不可能以光速运动，其手征性在左－右间变化或震荡。一个有质量的粒子，比如电子，并不是固有地左手或右手，它不停地在左手和右手间变换或震荡，只有当它变到左手时才参与弱相互作用（宇称最大违反）。粒子在左右震荡中应遵守所有守恒定理：电荷守恒，角动量守恒，弱荷守恒，即一个粒子在左－右震荡中保持电荷、角动量和弱荷不变。

如果我们承认中微子有质量，我们就得接受中微子左右震荡——存在右手中微子。但因宇称最大违反意味着右手中微子不具有弱荷，中微子在左右震荡中如何保持弱荷守恒？现在我们有两个互相联系的问题。一是中微子如何获得质量，二是中微子在左右震荡中弱荷如何保持守恒。不但中微子，基本费米子包括轻子和夸克都有质量，都可以提出同样的问题：它们如何获得质量？它们在左右震荡中如何遵守弱荷守恒？不但对于基本费米子可以提出这样的问题，对基本玻色子也可以提出同样的问题。在基本玻色子中，携带电磁力的光子和携带强力的胶子没有质量，而携带弱力的 W 和 Z 玻色子有质量而且很重，如何解释这种现象？无质量的光子和胶子携带的电磁力和强力都遵守宇称守恒，而有质量的 W 和 Z 玻色子携带的弱力不遵守宇称守恒，看来这两个基本玻色子的质量与宇称对称破缺有直接的关系。事实上，质量起源在量子力学意义上的突破是从研究 W 和 Z 玻色子如何获得质量开始的。原来质量是自然一种基本对称破缺的结果。下面就来讲这个故事。

规范对称

规范对称本是经典场论中的一个概念。考虑经典电场。电场可用电

场强度 E 表示，也可用电势（位）V 表示。E 可直接观察，V 不可直接观察，除非有一个外部参考。如果 V 表示一个电场，$V+C$（C 为任意常数）表示同一电场（因为 E 是 V 的梯度，C 不影响电势梯度），电势增加一个常数相当于我们改变了电势的参考点。V 到 $V+C$ 的变换叫作**规范变换**，可观察量 E 在规范变换下不变，这叫作**规范不变**或**规范对称**。磁场也有类似的规范不变性，不过数学上比较复杂，我们这里不去说它。另一个例子是简单的谐振动。我们知道，一个用正弦或余弦函数表示的简单谐振动有 3 个参数，即**振幅**、**频率**和**相位**。振幅和频率是可观察量，相位则不是。你可以任意改变相位一个值而不影响可观察量——振幅和频率，改变相位一个值相当于把时间起点移动了一下。从一个相位值变到另一相位值也是一种规范变换，振幅和频率在这种变换下的不变性也是规范不变。一般而言，如果一个物理系统的数学表达中有一定的冗余，就会有规范变换和规范不变的可能。经典规范对称的主要研究者是德国数学家外尔，故也称外尔规范对称。

现在考虑一个自由电子———个不受外力作用在自由空间运动的电子。在量子力学中，粒子也是波。电子在空间运动时不是一个粒子沿一条轨道运动，像一颗出膛的子弹一样，而是以电子波的形式在空间传播，其波长由德布罗意关系 $\lambda=h/p$ 给出。描述电子波的量子力学波函数是一个比较复杂的复数函数，它包含着电子所有可观察量如位置、动量、能量的信息。与简单谐振动类似，波函数也有一个相位。如果我们对相位作一**全局**变换，即在所有时空点上增加或减小一个常数，电子的所有可观察量都不变。所以，依照上面的概念，电子波函数对相位的全局变换不变。

1954年杨振宁和米尔斯的一篇论文中提出了后来所称的**杨－米尔斯理论**。这个理论旨在阐述粒子相互作用的一般原理。他们将外尔规范对称推广应用于当时粒子物理中最重要的同位旋旋转对称（见第 6 章）。他们基于爱因斯坦狭义相对论中任何物体包括信号都不能快于光速传播的原理指出，量子力学波函数（所表示的可观察量）不但应对相位的全局变化不变，也应对各时空点相位的**局域**变换不变，"局域"变化系指每一时空点上独立和任意的变化。简而言之，自然（通过相对论）要求波函数具有对相位局域变化的规范对称。这就是电磁规范对称。（图 7-2）

为了说明局域变化的概念，让我们回到上面电场的例子。我们已经看到对 V 到 $V+C$ 的全局变换电场 E 不变。现在设想我们在电势的每一点上加一个任意的不同的数，即作这样的变换：

$V(x,y) \to V(x,y)+C(x,y)$。显然，从 $V(x,y)$ 和 $V(x,y)+C(x,y)$ 计算（经梯度运算）出的 $E(x,y)$ 是不同的，就是说变换后的场不是原来的场，除

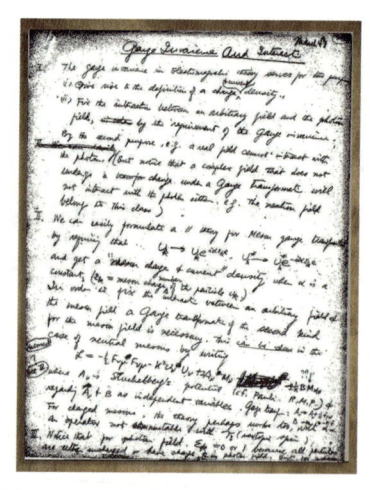

图 7-2　杨振宁规范不变笔记手迹

非我人为地叠加一个场，后者正好抵消 $C(x,y)$ 带来的变化。

从这个简单的例子可以想象，经局域相位变换的波函数必定不是原来的波函数。那怎么可能满足自然对于波函数的上述规范对称的要求呢？自然提出了要求，自然也准备好了满足这种要求的办法。设想电子是在某个量子化的电磁场中行为，当波函数的相位局域变化时电子可通过发射或吸收力场量子——光子——与场相互作用，结果恰好抵消波函数相位局域变化带来的对可观察量的影响。这个量子场应当跟随波函数的变化，即与波函数成比例，比例常数表示电子与场耦合的强度，即**电磁相互作用强度**。这个比例常数物理上就是**电子电荷值**。严格的数学推导证明这样一种机理成立。这样，在上述意义上，电子波函数对相位变化规范对称的要求自动地召来了电磁力的携带者：光子。这是推导全部量子电动力学（QED）的基础。电磁规范对称就是电荷守恒背后的不变性。

上面概述了电磁力的规范理论。规范理论如何建立弱力的数学模型呢？我们知道，一个轻子代的上下成员对弱力的响应是一样的。以第二轻子代为例，μ中微子和μ对弱力的响应相同。对弱力来说，μ中微子和μ是一对完全一样的孪生子。不但如此，μ中微子和μ的任何量子力学混合对弱力的响应都一样。在量子力学中，μ中微子是一个波（函数），μ也是一个波，μ和μ中微子的混合就是它们的波的混合。一个μ是100%的μ与0%的μ中微子的混合，μ和μ中微子的等量混合是50%的μ与50%的μ中微子，μ中微子是100%的μ中微子与0%的μ的混合，等等。考虑一个在空间传播的μ。我们可以在各时空点上将它的波函数在弱同位旋空间中旋转同一角度，它现在变为一个μ和μ中微子的量子力学混合，但弱力不变。这是一个量子力学混合的全局变化或旋转——相当于上述电子波函数相位的全局平移。弱力的规范对称要求这种混合随时空点而异时波函数（所表示的可观察量）不变。与电磁力的规范对称召来光子一样，弱力的这种规范对称要求会自动召来携带弱力的场量子，不过在弱力的规范对称机理上，特别是数学上，都比电磁力的规范对称复杂得多，它召来的不是一个弱力场量子，而是三个。

强力的规范理论原理上也是一样，但因夸克有红、蓝、绿三种色，夸克波函数的旋转或变换更为复杂。因为与下面的讨论没有什么关系，我们不去说它。总之，规范理论原理上可建立除引力外3种自然力的数学模型，即电磁、弱力和强力的规范模型，电磁力最后与弱力统一为**电弱模型**。这些就是粒子物理学的结晶：标准模型。

规范理论的问题

推导电磁力的规范对称模型最为简单，推导强力的规范对称模型虽然数学上很复杂，但没有遇到概念上的困难。唯有在推导弱力的规范对称模型中，规范理论遇到了真正的挑战。如上所述，规范理论的强大力量是规范对称的要求会自动产生力场量子——规范玻色子。对电磁力，规范玻色子是光子。对强力，规范玻色子是8个强力玻色子——胶子。对弱力，规范玻色子不但预测了两个带电的 W^+ 和 W^- 玻色子，还预测了一个（电）中性玻色子 W^0。规范玻色子都是无质量的。在电磁力和强力的情形下，规范玻色子与实验观察到的力场玻色子相符——光子和胶子都是无质量的。在弱力的情形下，规范玻色子 W^+、W^- 和 W^0 都无质量，而实验观察到的弱力场量子都有质量，并且都很重，量级达质子质量（约938MeV）的百倍。事实上，正是因为理想的规范理论得出的场量子都是无质量的，杨-米尔斯理论一开始不被泡利所看好。[1]

理论物理学家遇到了难题。一方面，他们不愿轻易放弃规范对称，因为它已显示在描述基本粒子相互作用上的强大力量。另一方面，要与实验观察相符，你必须让理论产生的力场玻色子具有正确的质量，这似乎意味着必须破坏规范对称。这就产生了这些基本玻色子如何获得质量而又不破坏规范对称的问题。

这个问题在20世纪60年代的理论物理学家中酝酿。他们开始认识到，在一个所有粒子都不可区分和无质量的完全对称的世界中，规范不变才是自然的基本对称。也就是说，在一个所有粒子都无质量的"超"对称的乌托邦世界中，我们将看到无质量的基本玻色子，如同规范对称所要求的那样。要是我们的加速器强大到能够把所有粒子都加速到接近光速，我们将看到这个超对称世界的缩影。但是，当这个无质量世界的对称因某种原因

---

[1] 让我们听听杨振宁本人对杨-米尔斯理论形成过程的回忆。20世纪40年代，粒子物理学最突出的发展是大量新的当时所谓基本粒子的发现。杨振宁肯认为这些粒子间相互作用应当有一个一般的原理，而这个原理可能来自外尔的规范对称。恰巧那时粒子物理中的一个重要课题是同位旋对称（见第6章），杨振宁开始把外尔的规范对称推广到数学上更复杂的同位旋对称，但遇到了困难。而越来越多的新粒子的涌现使一个一般的相互作用原理的需求更显得迫切。在1953—1954年访问布鲁克海文国家实验室期间，他与聪明的年轻博士生米尔斯共用一间办公室。两人一起努力克服了数学上的困难，产生了一个非常优美的理论。他们知道他们找到了金矿。但这个理论似乎要求无质量的带荷粒子的存在。1954年2月，时为普林斯顿先进研究所所长的奥本海默听说了他们的工作，邀请杨振宁来到普林斯顿介绍他们的理论。泡利在座。泡利已经做了类似的工作，同样遇到了无质量带荷粒子的问题。杨振宁和米尔斯受到了泡利的诘难。杨振宁回到布鲁克海文，与米尔斯工作数月，试图解决这个问题，但没有成功。他们考虑再三后认为，这个理论实在太优美了，即使有此问题也值得发表，他们遇到的困难日后或许可被新的发展所解决。一贯的完美主义者泡利选择不发表。（Conversation with Chen-Ning Yang: reminiscence and reflection, Mu-Ming Poo and Alexander Wu Chao, National Science Review, Volume 7, Issue 1, January 2020, Pages 233–236, https://doi.org/10.1093/nsr/nwz113.）

破缺时，粒子获得了质量，区分为我们今天看到的不同的粒子。

质量

我们对于质量的认识随着物理学的发展逐渐深入。质量是"物质的量"，就是说，任何物体都由物质构成，一个物体包含的物质的量就是它的质量。这大概是对质量的最朴素也是最自然主义的理解。在牛顿物理中，质量有了新的含义，质量是一个物体惯性的度量。牛顿第二定律的陈述是 $F=ma$，即为了使一个物体获得加速度 a，需要施加的力 F 与物体的质量 m 成比例。质量 m 或惯性可被解释为改变一个物体运动状态的难度。我们还知道，一个系统的质量是其各部分质量之和。这个关系被称为"牛顿第零定律"。狭义相对论中的爱因斯坦质能关系使我们对质量观念有了一次飞跃。质量是能量的一种储存形式，能量也可表现为质量。一个运动物体的质能 $E=mc^2$ 等于它的静止质能 $E_0=m_0c^2$ 加上它的（相对论）动能，故运动使物质获得了附加的**有效质量**。当我们的观察深入物质的微观层次时，有效质量表现得特别明显。对于一个由两个或更多个被自然力束缚在一起的粒子组成的系统，如原子、原子核或核子，组分粒子的轨道运动和力场量子连续交换产生的结合能都表现为系统的质量。例如质子的质量远大于它的组分——2个上夸克和1个下夸克——的质量之和，它的质量的大部分来自系统内能。所以牛顿第零定律应修正为：一个物体的质量等于其组分及这些组分间相互作用产生的有效质量之和。

在计算粒子的质量时我们需要加入夸克和轻子的质量，这些基本物质粒子似乎具有"先天"的质量。尽管基本物质粒子在一个粒子质量的

第 7 章 希格斯玻色子：质量从哪里来？

构成中可能仅占很小的比例，这并不意味着它们不重要。最明显的例子是质子和中子的质量，这两个粒子内部强力产生的结合能基本相同，它们的夸克组分的质量仅占各自质量的1%多一点，可就是因为下夸克（7MeV）比上夸克（3MeV）重，才使中子略重于质子。结果中子不稳定，质子是稳定的。我们这才有氢（核），有化学，有生物，有我们，有这个世界。这些物质基本粒子的质量从何而来？物理学家不会用"先验的"来搪塞。事实上，这些我们今日所知最基本层次上物质的质量起源问题，是粒子物理中的一个基本问题。

超对称世界中一个本无质量的粒子怎样可以变得有质量呢？这必定是超对称破缺的结果。首先发现质量起源线索的不是粒子物理学家，而是超导学者。超导现象在20世纪初就在实验室里被观察到了，首先给予理论描述的是在美国工作的德国物理学家伦德。20世纪50年代美国物理学家巴丁[1]、库柏和施里弗详细阐述了超导机理，他们的理论叫作BCS机理。苏联物理学家金兹堡[2]和朗道[3]进一步完善了BCS机理，提出金兹堡-

---

[1] 约翰·巴丁（John Bardeen, 1908—1991），美国物理学家，是唯一一位两次获诺贝尔奖的物理学家。第一次因与肖克莱（William Shockley）共同发明晶体管获1956年诺贝尔物理学奖，第二次因BCS超导理论获1972年诺贝尔物理学奖。

[2] 维塔利·金兹堡（Vitaly Ginzburg, 1916—2009），苏联犹太裔著名理论物理学家，天体物理学家，被认为是苏联氢弹之父之一，因金兹堡-朗道超导理论"对超导体和超流体理论的先驱性贡献"获2003年诺贝尔物理学奖。

[3] 勒夫·朗道（Lev Landou, 1908—1968），俄国犹太裔物理学家。对量子力学、量子电动力学、超流、超导、中微子等诸方面均有杰出贡献。1929—1931年曾与玻尔、狄拉克、泡利等著名物理学家一起工作。是苏联理论物理传统的主要创建者。与叶夫根尼·利夫希兹（Evgeny Lifshitz）合著十卷本《理论物理》，是该领域的重要著作和研究生教材。曾拟称为"最少理论"的理论物理试卷，囊括理论物理的所有方面，1934—1961年的27年仅有43名学生通过，这些人后来都成为理论物理的佼佼者。朗道称得上是一位传奇式的物理学家。

朗道理论。[①]他们的理论为后来质量的量子起源的发现提供了基础。

超导研究者观察到一种有趣的现象。在超导体（冷却到低于绝对零度以上 2K 的铅、镍、铌）内，在真空内恒以光速运动的光子走得很慢，原理上甚至可使光子悬停不动！光子在超导体内看起来好像是一个具有非零质量的粒子。因为我们知道光子本无质量，光子是在与超导体内凝聚物质浆的粒子相互作用中获得了质量，我们称这种获得性质量为**有效质量**。改变温度使超导体进入或退出超导状态，我们可"打开"或"关掉"光子的有效质量。

粒子物理学家从有效质量现象获得了重要启示：自然或许通过量子效应赋予粒子质量，或者说，粒子的质量起源于某种或某些量子效应。他们认识到，光子在超导体内获得有效质量是超导体内电磁规范对称破缺的结果。特别是，1960 年芝加哥大学的日裔美国物理学家南部阳一郎首先揭开了质量量子起源的可能性。他指出，或许是那个一切粒子都以光速运动的超对称世界自发对称破缺，结果在整个空间形成了某种场，这种场与粒子的相互作用给了粒子质量。所以，质量的秘密是在真空的性质里。我们已经知道，量子涨落使真空成为粒子相互作用的积极参与者。南部进一步告诉我们，真空不等于无或是什么都没有的虚空，或许真空中处处弥漫着某些均匀的场——物质场或力场，是这些场与粒子相互作用，使粒子获得质量。

希格斯场

南部的思想很快被具体化。1964 年，有 3 篇独立的论文同时发表于

[①] 有兴趣的读者可参阅《奇妙的物理学》（[俄] A. A. 瓦尔拉莫夫著，潘士先译，科学出版社）内"千年末的超导热"（196 页），这是一篇超导理论很好的简介。

Physical Review Letters 的创刊 50 周年纪念刊上。论文作者分别是苏格兰爱丁堡大学的希格斯，比利时布鲁塞尔大学的恩格勒和布劳特，美国布朗大学的古拉尼克、汉根和开布尔。他们的方法不同，但殊途同归。他们的理论说，在宇宙早期阶段充满真空的高温高能的粒子浆中，所有的粒子都是同一粒子的不同状态，它们都无质量，是不可区分的。这是一种"超"对称。随着宇宙的膨胀和冷却，这种超对称自发破缺，有一种场——后来所称的**希格斯场**——在宇宙的真空内凝聚，在空间形成处处均匀的非零场，其均匀场值对应最低真空能量状态（**基态**）。这种情形可与墨西哥势的例子（见第 6 章）中弹球自发选择一个最低能量位形相比拟，故希格斯场也具有一个墨西哥帽状的势函数（场能量与场值的关系）——**希格斯势**。但我们不知道这种希格斯势的来历。

希格斯场具有非常特别的性质，与我们所知的所有物质场和力场都不相同。我们知道，经典的电场和磁场都是有方向的，就是说，任一点上的场值是一个矢量，它有强度，还有方向。这样的场叫作**矢量场**。量子场如光子场、W 和 Z 玻色子场也都是矢量场。希格斯场是一个复数，但没有方向，所以是一个（复数）**标量场**。希格斯场的场量子和所有基本粒子都不相同，它没有自旋，即其自旋为零（也属整数自旋），属于玻色子，故叫**希格斯玻色子**。希格斯玻色子不带电荷（电荷为零），但具有弱荷 $-1/2$。

希格斯场的存在使弱力的规范对称破缺，使无质量的弱力规范玻色子在规范对称的框架内取得质量。这大意是说，尽管希格斯场与弱力规范玻色子相互作用，使它们获得质量，但它们还是规范理论产生的那几个粒子，所以规范对称仍在，只不过被隐藏了，这叫**希格斯机理**。希格斯机理的一种不大正规的解释说，可感应希格斯场的粒子在场中受到一种"宇宙拖拽力"，使其变慢，走不远，相当于有了质量。有一则生动的比喻说，演艺界人士在一个大房间里聚会，明星们因为人们不断过来与她（他）们招呼，耽误了脚步。类似的通俗解释还有很多。（在1993年英国科学大臣沃特格拉夫爵士发起的一次最佳通俗解释比赛中有不少类似的比喻，如将希格斯场比喻为糖浆等。）

让我们试试比上面的比喻更进一步来解释粒子在希格斯场中受到的"宇宙拖拽力"。首先，现在真空不是无或什么都没有的虚空了，而是弥漫着均匀的希格斯场。希格斯场就是希格斯玻色子的集合，故是一个弱荷库。让我们看希格斯场中的一个光子。光子没有弱荷，它根本感觉不到希格斯场的存在，它照样以光速运动。就是说，尽管在希格斯场中，光子仍无质量。不具弱荷的胶子也是如此。但一个电子呢？那就不同了。电子具有弱荷 $-1/2$，它通过与希格斯场交换弱荷与之发生相互作用。在图7-3中，假设一个到来的左手电子发射一个希格斯玻色子，它会后座，从而改变了行进方向；但它仍是一个电子，因为希格斯玻色子没有电荷。因为希格斯玻色子的自旋为零，角动量守恒意味着离去的电子的自旋不变，而行进方向改变，故它变成了一个右手电子。可是弱荷守恒，故离去的右手电子具有零弱荷。然后，右手电子吸收一个希格斯玻色子，它的后座亦改变行进方向，而自旋不变，故它变为一个左手电子，弱荷守恒使它具有弱荷 $-1/2$。这样，一个电子在与希格斯场的不断相互作用中左右震荡，并且在它变到左时从希格斯场拾取弱荷 $-1/2$，在变为右时将此弱荷归还希格斯场。现在你看到带有弱荷的粒子在与希格斯场的相互作用中左右震荡，在震荡中保持电荷、角动量和弱荷守恒。左右震荡与

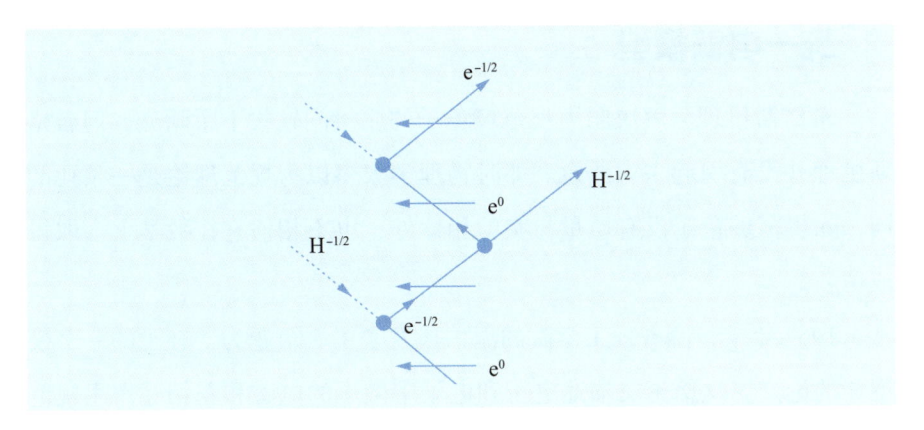

第 7 章　希格斯玻色子：质量从哪里来？

图 7-3　电子与希格斯场的相互作用（见上文），图中表示电子和希格斯玻色子的符号 e 和 H 的上标表示它们的弱荷值

质量等价，电子就在左右震荡中获得了质量，条件是希格斯玻色子本身具有质量。希格斯玻色子确有质量，而且很重。这就揭示了电子的质量来源，也解释了为何它左右震荡和"上帝偏爱左撇子"——宇称最大违反。

μ 也携载弱荷 -1/2，它与电子一样在希格斯场中获得质量和左右震荡。一个 W⁻ 玻色子也具有弱荷 -1/2，故原理上可与电子和 μ 一样在希格斯场中获得质量。我们知道，一个 μ 通过发射一个 W⁻ 玻色子衰变为一个 μ 中微子、一个电子和一个电子反中微子。这个 W⁻ 玻色子实际上是从希格斯场的量子涨落中"冒出来"的，它具有很大的质量。

原理上，所有携载弱荷即参与弱相互作用的基本粒子，包括基本费米子（所有轻子、夸克和它们的反粒子）及 W 和 Z 玻色子，都从希格斯场获得质量。但对不同的粒子，具体的质量产生机理可能很不相同。这就是我们现在所知的质量的量子力学起源。

统一电弱模型

希格斯机理为解决弱力规范玻色子的质量问题投下了曙光,但希格斯机理并没有引起多大注意。那时物理学家多以为规范理论是一条死胡同,除规范玻色子没有质量与实验相悖外,也不相信它在数学上会取得成功。

1967 年末,麻省理工学院的温伯格发表了一篇题为"轻子的一个模型"的论文。这篇论文描述电子和电子中微子的电磁和弱相互作用规范理论。在此之前,格拉肖已在 1961 年将电磁力和弱力视为统一的**电弱力**的两个方面,确定了电弱力规范理论的基本数学结构,引入了 3 个弱相互作用规范玻色子 $W^{\pm}$ 和 W^0,但这些规范玻色子是无质量的。也就是说,格拉肖的模型实际上描述了所有粒子都无质量的理想对称世界中统一的**电弱相互作用**。为了使他的模型符合真实的物理世界,他不得不"用手"加入质量。温伯格在继承格拉肖工作的基础上引入适当的希格斯场,为规范玻色子产生质量。稍迟,本章开头故事中的萨拉姆(其时在伦敦帝国理工学院)于 1968 年 1 月发表了一个同样的电弱模型。故这个模型后来称为**格拉肖 – 萨拉姆 – 温伯格(GSW)模型**。

GSW 也即统一的**电弱模型**体现了希格斯机理,产生了 4 个规范玻色子:γ(光子)、$W^{\pm}$ 和 Z^0。光子仍无质量,W 和 Z 玻色子通过与希格斯场的弱相互作用获得质量。GSW 模型需要两个外部输入量,即电荷和弱荷,它们分别表示电磁和弱相互作用的强度。

GSW 模型没有引起很大反响。它在机理上和数学上都十分复杂,人们难以相信自然会近乎"魔鬼般的狡黠"。此外,GSW 模型要成立,理

第7章 希格斯玻色子：质量从哪里来？

论上尚欠重要的一步，即证明其**可重正化**[①]。这一步十分关键，因为如果一个理论不可重正化，意味着它给出的结果为无穷大，因而没有意义。1971年荷兰乌德勒支大学的霍夫特和韦尔特曼完成了这一亟须而特别困难的证明（其中有苏联理论家费德也夫的贡献）。

接着1973年实验证实了Z玻色子媒介的**弱中性流**相互作用。同年CERN的科学家观察到几个电子突然"无端"开始运动的现象。这种现象的唯一合理解释是，中微子通过Z玻色子的媒介与电子相互作用，因为Z是中性的，它只能引起电子运动状态（动量和能量）的变化，故这种好像台球碰撞般的弹性散射是中微子通过中性Z玻色子与电子相互作用的证据。这一发现被列为CERN迄今取得的8项重大科学成就中的第一项（按时间次序）。到了此时，经韩－美理论物理学家李惠秀的全面阐述和大力推广，GSW模型才开始进入主流。但W和Z玻色子的直接证据尚待一台能量大到足以发现这两个玻色子的加速器的到来。

10年后这样一台加速器在CERN建成。这台机器名为**超级质子同步加速器**（super proton synchrotron）。由意大利物理学家鲁比亚和荷兰物理学家范德梅尔领导的团队在中微子实验中，于1983年1月和5月相继观察到W和Z玻色子的不容置疑的证据，且发现它们的质量比与标准模型的预测相符。这个发现被列为CERN的第二项重大成就。

至此，电弱模型的4个规范玻色子——$W^±$，Z和γ（光子）——都被实验所确认。这个模型与1973—1974年确立的强相互作用模型一起，

[①] 在量子场论的计算过程中，有些积分会发散——给出无穷大的结果。如果调整有限数目的参数可使所有可观察过程的理论计算结果为有限，这样的理论称为可重正化的。可重正化是所有自然力的量子场论的一个基本要求，并且也常是理论正确性的标志。

形成了今日粒子物理学最高成就的**标准模型**。为这座高耸的科学大厦封顶的最后一块砖是希格斯机理。

算起来，电弱模型从提出到电弱规范玻色子的发现，用了将近16年。在这一艰辛历程中作出卓越贡献的科学家获得了实至名归的奖赏。格拉肖、温伯格和萨拉姆因建立标准模型共享1979年诺贝尔物理学奖。鲁比亚和范德梅尔因发现W和Z玻色子获1984年诺贝尔物理学奖。霍夫特和韦尔特曼因证明电弱模型可重正化获1999年诺贝尔物理学奖。迟至2008年，南部才因发现亚原子物理中的自发对称破缺机理获诺贝尔物理学奖。

捕捉希格斯玻色子

科学的最后裁判官永远是实验和观察。标准模型的最后检验是实验。尽管标准模型作出许多令其他学科羡慕不已的精确预测，只要不能直接证明希格斯场的存在，希格斯机理和标准模型仍有错误或至少存在其他竞争理论的可能性，物理学家就不会放心。这个问题成为20世纪末粒子物理的"中心问题"。要最后解决它，最直接和决定性的一举，是捕获希格斯玻色子。

要设计加速器实验来捕获这个粒子，首先要知道其质能所在范围。依照GSW模型，W和Z玻色子的质能与希格斯玻色子的质能成比例关系；希格斯玻色子的质能越大，W和Z玻色子的质能越大。比例常数叫作（规范）**耦合强度**，表示这些粒子与希格斯场相互作用的强度。可是模型本身没有给出希格斯玻色子的质能，也没有给出耦合强度。物理学家首先根据弱相互作用的强度等级估计希格斯玻色子的质能在175GeV的量级。

第 7 章　希格斯玻色子：质量从哪里来？

然后，随着 W 和 Z 玻色子质能和性质研究的进展，这个估计改进到大于 110GeV，但一定小于 200GeV。

希格斯玻色子极难捕捉。这当然首先是因为它有很大的质能，要把它"撞出来"，粒子对撞机必须达到约 200GeV 的能量等级。其次，这个粒子很少产生，且一旦产生便迅速衰变。尽管如此，物理学家仍决心捕捉它。自 1980 年始，捕捉希格斯玻色子成为粒子物理学界的头等大事。CERN 为此作了重大升级，包括在跨法国－瑞士边界的周长 27km 的环形隧道内装设了一台能量达 1400GeV 的质子－质子对撞机，建造两台捕捉希格斯衰变产物的复杂和庞大的检测器，以及提高高速电子器件和计算机的数据处理速度和能力。经过 30 多年的努力，CERN 终于在 2012 年 7 月 4 日通过电视转播向全世界宣布其希格斯玻色子的检测结果。CERN 礼堂里翘首以盼的听众在等待良久后，CERN 董事长霍伊尔终于宣布："这是历史性的一天，但我们还只是开始。"

在接着举行的记者招待会上霍伊尔说："作为一名门外汉，我以为我们找到它了！我们有了一项发现——我们应当说，我们有了一项发现。我们观察到了一个与希格斯波色子一致的新粒子。"应邀而来的希格斯机理的"始作俑者"——希格斯、恩格勒、古拉尼克和汉根坐在听众席的前排。时年 83 岁的希格斯有一个学者大而饱满的额头，人们看见他激动得老泪纵横。他终于像善于等待的泡利收到他的中微子被证实的消息一样，收到了他在 30 年前创造的那个玻色子来临的消息。希格斯不是一位多产的学者，在其整个学术生涯中发表的论文不多于五篇，其中第三篇提出了产生粒子质量的希格斯机理，接着的一篇描述了希格斯玻色子的衰变。但仅这两篇也足以使他名垂物理学史了。应该感谢爱丁堡大学没有因为

173

他的论文少而辞退他。诺贝尔奖评委会承认他和恩格勒的贡献,授予他们 2013 年诺贝尔物理学奖。

2013 年,新发现的粒子被确认为希格斯玻色子,它的质能在 125~127GeV。为捕捉这个粒子纳税人花费了 132.5 亿美元。发现希格斯玻色子当然被列入 CERN 的重大成就记录,并且是最近的一项。

事情到此还没有完。更深入的研究继续进行。截至 2018 年的研究表明,新发现粒子的行为与标准模型的预测一致。但要证明新粒子的全部行为都与标准模型的预测一致,仍需时日。

著名实验物理学家、因发现陶轻子获得诺贝尔奖的莱德曼和合作者希尔在 2012 年希格斯玻色子发现后写了一本脍炙人口的书《上帝的粒子及其他》[①]。从此"上帝粒子"这个称呼不胫而走,成为希格斯玻色子在大众媒体上的诨名。不过据说物理学家都不喜欢它。

2020 年 CERN 发现希格斯玻色子被史密森学会杂志评为过去十年中最重要的十项科学发现之一;被新科学家网站列为此十年最重要的十项科学发现之首。[②](图 7-4)

中微子质量问题

这一切似乎都很好。可是我们真的解决了基本粒子的质量起源问题吗?好像是的。现在我们似乎掌握了基本粒子质量的量子起源:所有具有非零质量的基本费米子和基本玻色子,甚至包括中微子,均通过希格斯

---

① *Beyond the God Particle*, Leon Lederman and Christopher Hill, Prometheus Books, New York, 2013.
② The Top Ten Scientific Discoveries of the Decade | Science | Smithsonian Magazine; https://www.newscientist.com/.

图片 7-4　CERN 用于捕捉希格斯玻色子的检测器

机理获得质量。可是深究一步，我们发现事情还并非如此。

如上所述，依照希格斯机理，粒子的质能与玻色子的质能成比例。比例常数叫作粒子与希格斯场的耦合强度。从这个关系可提出两个问题。第一，所有粒子的质量皆从希格斯玻色子的质量导出，但希格斯玻色子自身的质量从哪里来？模型没有给出解释。第二，电弱模型没有给出希格斯玻色子的质能，也没有给出耦合强度。我们只能通过实验得到的粒子质能和希格斯玻色子的质能推出不同粒子的耦合强度。由电子质能 0.511MeV 和希格斯玻色子质能 125GeV，电子的耦合强度为 $g_e = 4.08 \times 10^{-6}$。如果中微子的质能比电子小 10^6 倍，其耦合强度为 $g_e = 4.08 \times 10^{-12}$。为何中微子与希格斯场的耦合强度要比其他基本粒子小这么多？模型没有告诉我们。这就是说，如今的理论尚不能解释耦合强度的来源，更不要说解释中微子的耦合强度何以这么小了。质量这颗"葱头"显然没有剥到底，特别是在中微子质量上仍欠说服力。更直接和尖锐的批评说，既然不能解释希格斯玻色子本身的质量，希格斯机理不过是把粒子的质量问题转嫁为希格斯玻色子质量的问题罢了。但无论如何，希格斯机理仍第一次让我们看到了量子效应在质量现象中的作用。

许多物理学家不认为标准模型解释了中微子质量。迄今产生和观察到的中微子都是左手粒子。人们从未观察到右手中微子。依照希格斯理论，左手中微子在左右震荡中变为右手时其弱荷被希格斯场所吸收，而右手中微子在变为左手时从场拾回弱荷。因为是电中性的，没有弱荷的右手中微子不感受除重力外的任何力：它们是"惰性"的。检测惰性的右手中微子的唯一方法是通过它们的重力效应，可是它们太轻，迄今尚无法感知它们的存在。这是没有观察到右手中微子的一种可能原因。另有一种可能性是根本不存在右手中微子。那样的话，因为基于希格斯场的质量必伴随左右振荡，中微子的质量应另有产生机理。还有一种可能是，如果没有发现右手中微子，左手中微子的反中微子实际上是右手中微子。那样的话，中微子是其自身的反粒子。具有这种性质的粒子叫**马约拉纳粒子**。这正是我们第 8 章的主题。

第 8 章
马约拉纳粒子：粒子 = 反粒子？

第 7 章的结尾提到马约拉纳粒子：一个粒子如果是其自身的反粒子就叫马约拉纳粒子。本章要讨论的是：中微子是不是马约拉纳粒子。

前面讲过，在罗马大学时费米在他周围聚集了一批富有才华的年轻人，他们的集体诨名叫"潘尼斯佩尔纳男孩"。这些年轻科学才子中有庞蒂科夫和马约拉纳。庞蒂科夫的故事前面已经讲过了，现在讲述马约拉纳的故事。

马约拉纳（1906—？）是意大利理论物理学家。括号里那个问号是因为，我们不知道 1938 年 3 月 25 日以后他是活着还是死了。那一天他失踪了，简直像人间蒸发一般，从此无影无踪。多次调查都没有发现他的踪迹，但也没有发现他的遗体。他的命运从此成为一个谜。在失踪前不久，在他 1937 年的最后一篇论文中，他为后来的物理学家留下了一个假设：马约拉纳粒子：

在费米子中存在一类粒子，它们是其自身的反粒子。特别是，中微子可能是这种粒子。

如今具有这种性质的费米子称为**马约拉纳粒子**或**马约拉纳费米子**，其余的费米子称为**狄拉克粒子**。

我们今天仍不知道中微子是不是马约拉纳粒子。这可以说是粒子物理学中一个有待证明或证伪的命题。笼罩马约拉纳自身命运的迷雾似乎增添了这个命题的神秘感。（图 8-1）

中微子：物理学中的不可承受之轻

图 8-1　埃托雷·马约拉纳

年轻科学天才失踪之谜

马约拉纳 1906 年出生于西西里一个优渥家庭，叔叔是一位物理学家。马约拉纳自幼有数学天赋，17 岁开始学工程，5 年后在好友塞格雷（我们在第 1 章中提到过他，他因发现反质子获 1959 年诺贝尔物理学奖）劝说下于 1928 年转学物理，1929 年获罗马大学物理学位。

1928 年的一天，为了要从工程转学物理，马约拉纳来见费米。费米向他解释了自己最近的工作，并让他看桌上的一些计算结果。马约拉纳回到家里，花了一晚上用他自己的方法重新计算费米的结果。第二天他再来见费米，问可否再看一眼桌上的结果。在确定他的结果与费米的一致后，他对费米说，"您的结果是正确的"。后来他成为费米小组的成员。他具有一些不同寻常也往往被视为天才特质的性格特征。他腼腆，沉默寡言，有时显得矜持傲慢，有时又自我怀疑。他不大遵守研究所的工作常规。通常他早上搭乘电车到研究所来，途中在香烟盒上草草记下他的想法和计算，写满了的烟盒就随手扔掉了。

马约拉纳分别在 1928 年和 1932 年发表了原子光谱的颇具创见的论文。特别是 1932 年伊雷娜约里奥·居里和约里奥·居里发现 γ 射线后，马约拉纳预测了一种电中性的、质量约与质子相同的粒子（实即中子）的存在。费米敦促他发表这个结果，但不知是他认为他的工作平庸无奇、不值得发表，还是出于对科学界的常规抱有一丝轻蔑，他拒绝发表他的结果。后来查德威克通过实验证明中子的存在，并因这一发现获得诺贝尔物理学奖。

1933 年初，马约拉纳获意大利国家研究委员会资助，先赴德国莱比锡与海森伯一道工作，两人在德国共同发表了论文；后到哥本哈根随玻尔工作。在此期间他的健康状况每况愈下，在德国患了急性胃炎，到哥本哈根后更有脑力衰竭的症状，不得不于 1933 年秋回到罗马。病中他变得越来越孤僻，不愿见人，也很少在研究所露面，初露锋芒的年轻物理学家几乎变成了隐士。

1937 年马约拉纳在费米推荐下成为那不勒斯大学理论物理教授。他没有按惯例通过考核和竞争取得这一职位，因为他在那个领域内已颇有名声。次年 1 月他在大学里开始授课。似乎一切正常。但不久就发生了离奇的失踪事件。

1938 年 3 月 25 日马约拉纳登上从巴勒莫到那不勒斯的夜轮，从此消失得无影无踪。

事情的经过是这样的。出行前两天至 3 月 23 日，他从银行取出了存款。在失踪那一天，他给那不勒斯物理学院院长安东尼·克雷利写了一封短信。全文如下：

我做了一个现在已是不可避免的决定。这里面没有一点儿自私，但我知道我的突然失踪将给您和学生引起麻烦。为此，以及特别是因为辜负了您在过去几个月中给予我的信任、诚挚的友谊和同情，我请求您的宽恕。

请向我在您的学院中认识和赞赏的所有人，特别是休蒂，致意。我将保持对他们的美好记忆，至少到晚上 11 点，或许更晚。

E. 马约拉纳

但马约拉纳在寄出这封信后似乎感到后悔，他打了个电报请求他的同事忘掉前面的信，并且发出了第二封信。他在这封日期为 3 月 26 日的信中写道，"大海不接受我，明天我将带着这封信回到巴罗那旅馆。但我想放弃教书"。可是此后他没有回到巴罗那旅馆，也不见他在任何地方露面。马约拉纳从此没有音讯。

费米对马约拉纳十分器重。他称马约拉纳是他所见过的意大利和外国学生中"因其智慧最打动我的人"。他吁请意大利政府总理组织搜索。可是政府的搜索无果，没有发现马约拉纳踪迹的任何线索。

在媒体的渲染之下这件案子引起了轰动。人们纷纷作出种种猜测。明显的可能性是他自杀了——从船上跳进了伊特鲁利亚海。塞格雷也持这种看法。的确，他的第一封信似乎暗示了这种计划。可是与此矛盾的是，既要自杀又为何要取出存款呢？他的家人坚持这不可能，因为自杀背离他虔诚的天主教信仰。有人认为，马约拉纳陷入精神危机，躲进了一座修道院。有位耶稣会牧师指称，曾有一个马约拉纳模样的烦躁不安的年轻人与他接洽过入院事宜。还有一位物理学家别有高见，说这是马约拉纳布置的一个"量子骗局"。有传闻说马约拉纳逃匿到了阿根廷或委内瑞拉。有人在南美见到马约拉纳的传闻在其失踪后的数十年间不断。当然也有人说他被纳粹特工或西西里黑手党杀害了。有几位意大利记者和作家为这件悬案写了"专著"。

事发70多年后，2011年3月意大利检察署宣布了对一名宣称"二战"后在布宜诺斯艾利斯会见过马约拉纳的证人的质询。同年7月意大利媒体报道，宪兵科学侦查局分析了一张1955年摄于阿根廷的一个男人的照片，发现与马约拉纳的面相有十处匹配。2015年4月意大利检察署宣布马约拉纳在1955—1959年尚健在，居住在委内瑞拉弗伦西亚，没有发现他的行动牵涉刑事犯罪，纯属个人选择。至此马约拉纳失踪这桩公案正式结案。如果意大利当局的结论是正确的，事后看来，这件公案神秘离奇的气氛是马约拉纳为自己的遁匿成功布下的疑阵——一位聪明绝世的科学家要做这种事应该没有什么困难，只是不知道人们对政府结论的满意度有多高。

当然，我们仍为一位年轻天才科学家的命运扼腕叹息。让我们看看1938年费米在评价马约拉纳时所说的一番话："世界上的物理学家分为几类。二流或三流的物理学家尽力而为，但走不远。第一流的物理学家作出对科学进步不可缺少的重要发现。但还有天才，像伽利略和牛顿，马约拉纳是其中之一。"

反物质

回归正题。前面我们多次讲到反物质，但没有交代它的来历，让我们补上这一课。

量子力学的第一个波动方程叫**薛定谔方程**。① 这个方程开创了量子力学中描述量子粒子行为的**波动力学**。特别是薛定谔本人将他的方程应用于氢原子，得出描述氢原子中围绕核的"电子云"的三维波动和轨道能级的量子数。薛定谔方程被认为是 20 世纪最重要的科学成就之一，它在量子力学中开创的波动力学后来成为量子力学发展的主流。但薛定谔方程基于牛顿时空观，适用于缓慢运动（不需要考虑相对论效应）的粒子，它没有给出当时已经观察到的电子的自旋。

1928 年初，26 岁的英国天才狄拉克提出了一个电子的相对论（考虑相对论效应）波动方程。这个方程适用于高速（速率可与光速比拟）运动，因而具有相对论效应的电子。它的解自动给出电子的自旋 1/2，由此证明自旋是一种相对论效应。可是这个方程也带来一个令人困惑的问题。它是一个具有 4 个分量的微分方程——4 个互相耦合的微分方程。它的解

---

① 埃尔温·薛定谔（Erwin Schrödinger, 1887—1961），奥地利物理学家，1926 年发表的薛定谔方程被普遍认为是 20 世纪最重要的科学成就之一，它开创了后来成为量子力学发展主流的波动力学，也对物理和化学产生了重要影响。他本人也因这一贡献获 1933 年诺贝尔物理学奖。奥地利薛定谔的墓碑上镌刻着薛定谔方程。薛定谔是一位多方面的学者。他的工作遍及统计力学和热力学、电动力学、广义相对论和宇宙学、色觉理论等，曾与爱因斯坦研究统括引力和其余自然力的统一场论，但未果。他也涉足哲学，在量子力学的诠释上，与爱因斯坦站在一起反对量子力学的概率解释，他借以质疑（或许还挖苦）量子力学哥本哈根诠释的"薛定谔猫"，是量子力学中最著名的一个佯谬，耐人寻味，至今流传不息。他在 1944 年发表的《生命是什么？》中提出的生物遗传信息编码在复杂分子内的概念对后来 DNA 的发现有重要的启发。

给出的波函数有 4 个分量。[①] 其中 2 个，如所预期，表示一对自旋 ±1/2、具有正能量的电子。另 2 个分量则出乎预料，从表面上看表示一对形式与电子相同但具有负能量的粒子。因为对每一正能解都存在一对形式相同的负能解，这似乎表明自然中每存在一个正能电子都存在一个对应的负能电子。在经典物理中，如果遇到一个负能解，人们会以不合理为由将其略掉。但在量子力学中，量子的不连续性质可使正能解跃迁到负能解，故必须予以考虑。

这让我们想起爱因斯坦的质能关系来。现在谁都知道 $E=mc^2$。但爱因斯坦的原始方程是 $E^2=m^2c^4$。取两边的平方根，我们得到两个解 $E=mc^2$ 和 $E=-mc^2$。在宏观世界中我们取前者，略掉后者。在粒子物理的世界中，爱因斯坦的负能解在狄拉克方程中再现了。

负能粒子的性质令人惊诧。一个负能粒子具有负的静止能 $-mc^2$。如果它运动，其能量将变为一个更大的负值，就是说，它加速时失去能量，即在其速度增大时能量越来越负。那么一个负能粒子在不断的碰撞中其能量将变得越来越负（同时不断地辐射能量），终将趋于负无穷大！如果宇宙充满着这样的负能粒子，整个宇宙如何可能是稳定的呢！

狄拉克方程的负能解成为量子力学从非相对论到相对论这一重大升级中的一道障碍。必须跨越这道障碍！狄拉克本人为此绞尽脑汁，通过

[①] 这里我们又不能忘了泡利。为了解释电子自旋，1927 年泡利引入所谓泡利自旋矩阵，由此将薛定谔方程变为一个具有两个分量的方程，即两个相互耦合的微分方程，它的解给出一个具有两个分量的波函数。虽然泡利没有取得预期的成功，但多分量波函数的引入仍应归功于泡利。

一段被称为**狄拉克海**[①]的著名思考，他得出结论：负能解表示的实际上是带正电荷的正能粒子，看来像电子的镜像：它们与电子具有同样的质量，相等而相反的电荷和自旋。

狄拉克起初判断这种粒子就是质子。电子和质子是当时唯一所知的两种粒子，原子被认为由电子和质子组成，故狄拉克的判断似乎具有良好的对称性。但这种说法遭到了严重的质疑。质子比电子重 2000 倍，如何能够具有方程所要求的对称性？特别是后来的研究发现，如果电子与这种粒子相遇，它们将彼此毁灭——**湮灭**[②]。湮灭产生大量能量。（静止电子与正电子湮灭把两者的静止质量直接变为 γ 射线，释放 $2mc^2$ 的能量。）要是质子是电子的这种"镜像"粒子，原子怎么可能是稳定的？到了 1931 年狄拉克终于宣称，这种粒子是电子的**反粒子**，叫作**正电子**。

狄拉克发现了正电子的存在。不但如此，他意识到他的方程预测了整整一类新物质即**反物质**的存在。事实上，狄拉克方程是狭义相对论与量子力学"联姻"的产物，所以上述结论可以推广到一般情形，即相对论和量子力学本身要求，任何一个粒子必有其反粒子，反粒子与粒子具有相同的质量、相等但相反的电荷和自旋。

1932 年，加州理工学院的安德森在用云室研究宇宙射线中发现了一

[①] 狄拉克假设，真空本身被占据了所有负能态的电子所充满，故真空可比作一个负能态的海洋。既然所有的负能态已被占满，正能态的电子就不能落入这些量子态，因为这被泡利不相容原理所禁止。现在宇宙是稳定的了。狄拉克海的负能态并不意味着负能量，实际上只是一个测量能量增量的背景。如果一个负能电子受到适当的激发，它可跳出负能海，在真空中留下一个空穴。空穴表示一个带负电荷的负能电子的缺席，表现为一个带正电荷的正能电子——正电子。正电子看来就像电子的镜像：它与电子具有同样的质量，相等而相反的电荷和自旋。

[②] 由领导"二战"期间"曼哈顿计划"的美国物理学家奥本海默和苏联物理学家塔姆独立地发现。

种新粒子，这种粒子在磁场中的轨迹与电子一样，但偏转的方向与电子相反。安德森由此确定它带正电并具有与电子一样的质量。经约一年的调查，他最终判定这种新粒子就是正电子。安德森还发现了电子–正电子对从真空中冒出来的情形，证实了粒子对的产生是一个真实的物理过程。狄拉克反粒子的理论预测得到了验证。

薛定谔和狄拉克因（图 8-2，图 8-3）"发现原子理论的富有成效的新形式"同获 1933 年诺贝尔物理学奖。

后来，费曼在其量子电动力学中用了一个新的概念。他把一个反粒子视为在时间中逆行的粒子。比如，一个电子沿时间箭头（t）前行，而一个正电子逆时间箭头即向 $-t$ 的方向前行。所以在费曼图中，反粒子箭头的方向朝向 t 减小的方向。不过在本书的费曼图中，我们忽略这一规则。

图 8-2　埃尔温·薛定谔　　图 8-3　保罗·狄拉克

后来的实验表明，尽管每个粒子都有一个对应的反粒子，人工产生反粒子十分困难。正电子发现 20 多年后，才于 1955 年和 1956 年相继在加速器实验中发现反质子和反中子[①]。1965 年观察到第一个由一个反质子和一个反中子构成的反原子核。1995 年 CERN 的一组物理学家制造出 9 个反氢原子（CERN 的重大科学成就之一）。2011 年研究者制造出由两个反质子和两个反中子构成的反氦核。这是迄今制造的最重的反物质。

狄拉克

狄拉克无疑称得上费米所说的天才。霍金也称他"大概是牛顿以来英国最伟大的物理学家"。他对量子力学和量子电动力学的开创和发展作出了重要贡献。今天量子力学仍沿用狄拉克发明的符号系统，大概还会继续用下去，就像莱布尼茨发明的微积分的符号长存一样。他提出的磁单极[②]至今仍是物理学家搜索的对象。

狄拉克个性独特，与众不同，他的趣闻轶事至今仍为西方科普作家津津乐道。他出奇地寡言少语，在哥本哈根与玻尔共事时，玻尔说："这个狄拉克似乎对物理学所知甚多，可是从来不发一言。"同事们取笑他，定义了度量一个人说话多少——每小时吐出多少个词——的单位，叫狄

[①] 埃米利奥·塞格雷（Emilio Segre）和欧文·张伯伦（Owen Chamberlain）1956 年在美国劳伦斯辐射实验室发现反质子。两人因此获 1959 年诺贝尔物理学奖。塞格雷早年是费米的同事和合作者，也是马约拉纳的朋友，是他劝说马约拉纳研究物理。他还是元素锝和砹的发现者。

[②] 磁单极是一种假设的基本粒子，只有一个磁极（北极或南极）的孤立磁性。磁单极意味着净磁荷的存在。磁荷的量子理论始于 1931 年狄拉克的一篇论文，该文证明，如果宇宙中存在磁单极，宇宙中所有的电荷应都是量子化的（狄拉克量子化条件）。因为电荷事实上是量子化的，与磁单极的存在相容。粒子物理对磁单极的兴趣主要是一些新理论预测其存在，但迄今没有实验或观察证据证明其存在。

拉克:每小时吐出 1 个词就是 1 个狄拉克。狄拉克内秀外拙,大智若愚。他的反应常常过分逻辑和呆板,令人忍俊不禁,有人认为这或许是自闭症的征兆。有一次在他报告中,一位听众举手问:"我不懂黑板右上角那个方程。"长久的冷场后,主持人问狄拉克想不想回答这个问题。狄拉克回答:"这是一个陈述,不是一个问题。"狄拉克难以接受诗歌。他批评奥本海默对诗歌的兴趣:"科学的目的是把复杂的事物变得易于理解,而诗歌却把简单的事物弄得不可理解。两者是不相容的。"狄拉克非常谦逊,不知道什么叫争名夺利,十分乐意把功劳归于他人,费米子,玻色子,玻色凝聚等名词都是他首先提出的。伦敦《星期日电讯报》形容他"腼腆得像只羚羊,谦虚得像一名维多利亚女仆"。他曾考虑拒绝诺贝尔奖以避免引起公众注意。但朋友们劝他,拒绝诺贝尔奖将更加吸引公众注意,最后他出席了典礼。可是狄拉克对宗教却有犀利的批评,特别是质疑宗教的政治目的。泡利说他的指导原则是"没有上帝"。

中微子是马约拉纳粒子?

依照狄拉克理论,一个粒子与其反粒子具有相等而相反的自旋和电荷,它们是各自独立的粒子。以电子为例。由于反粒子的电荷和自旋与粒子相反,电子和正电子区别分明,你不会把它们混淆。比如你看见一个带 $+1$ 电荷的自旋 $+1/2$($-1/2$)粒子,你知道它是自旋 $-1/2$($+1/2$)电子的反粒子。一个电子可以通过两步运算变换为它对应的正电子。第一步是把电子携带的负电荷用正电荷来代替,这一步叫荷共轭运算。第二步是在第一步后再作 P 镜映射(宇称反演),使左右交换。经过了这两步,在镜子里看到的就是这个电子所对应的正电子了。请记住,一个左(右)

手电子的反粒子是一个右（左）手正电子。依照宇称最大违反，只有左手电子和右手正电子参与弱相互作用。

现在看中微子。由于中微子是电中性的，中微子和反中微子看起来是完全一样的粒子，只不过一个中微子与其反粒子的自旋相反。更具体地说，因为没有电荷，一个中微子的反粒子就是它的镜像，即它们的自旋相反——若这个中微子是个左手粒子，相应的反中微子是一个右手粒子。另外，因为中微子有质量，原理上存在右手中微子，你如何区分一个右手反中微子与一个右手中微子呢？既然你不能区分它们，一个右手反中微子或许就是一个右手中微子，后者由左手中微子震荡而来。换言之，粒子和反粒子是同一个粒子的两种状态。故中微子有可能属于马约拉纳粒子。（你可能会说，中微子不是马约拉纳粒子，第3章中不是说戴维斯误以为反应堆产生的是电子中微子（实为电子反中微子）故其氯检测器徒劳无功吗？可见中微子和反中微子不是同一种粒子。这不错，但这不足以证明中微子不是马约拉纳粒子，或许只证明了电子中微子和电子反中微子是一个粒子的两种不同状态。）

事实上，马约拉纳首先从中微子的特殊性看到了这种可能性。他考虑电荷为零时的狄拉克方程，推导出一个称为马约拉纳方程的波动方程，并作出中微子可能是其自身反粒子的预测。

中微子是不是马约拉纳粒子？这个问题并不像看起来那样简单。今天我们知道，中微子没有电荷，但具有弱荷（同位旋）$1/2$；正因为有弱荷，它才响应弱力。从中微子变到反中微子须作荷共轭运算，即将中微子所有的荷都改变符号，故反中微子具有弱荷 $-1/2$。这样看来，中微子和反中微子是不同的粒子，似乎不是马约拉纳粒子。还有，宇称最大违反意味着右手中微子没有弱荷,它是一个惰性粒子,不可能是我们观察到的具有参与弱相互作用能力的右手反中微子,如莱因斯实验捕捉到的电子反中微子。而且事实上,我们只观察到右手反中微子,从未观察到希格斯机理预测的右手中微子。即使如此,我们仍不能断然否定中微子是马约拉纳粒子,因为其一,中微子具有截然不同于所有其余基本费米子的两个基本性质,即电中性和轻,其质量产生可能不是希格斯机理而另有特别的机理。其二,即使中微子质量由希格斯机理产生,惰性的右手中微子可能经由某些过程最后变为反中微子,那样中微子仍可为马约拉纳粒子。由此可见,中微子是不是马约拉纳粒子的问题有很大的研究空间和很深的含义。事实上,现有许多理论家在发掘中微子质量的产生机理、马约拉纳粒子的性质及其在宇宙学上的含义。一个电中性的粒子似乎比一个有电荷的粒子简单,可是这种看似简单性产生了很大的复杂性。

还有一个概念也值得一提。我们知道,粒子的质量是粒子左右震荡或变换的驱动者。一般狄拉克粒子的质量"驱动"它们左右变换,这种质量叫**狄拉克质量**。对于马约拉纳粒子,因为粒子是其自身的反粒子,它们的质量驱动它们在粒子和反粒子间变换,所以这种质量叫**马约拉纳质量**。说一个粒子具有马约拉纳质量与说它是马约拉纳粒子等价。

粒子物理中有一种基本对称叫**轻子数守恒**。我们定义参与一个反应的轻子的数目与反轻子的数目之差为**轻子数**。轻子数守恒要求一个反应前后的轻子数相等。我们可赋予所有的轻子——电子、μ、τ和它们的中微子——轻子数 +1,赋予所有的反轻子轻子数 −1。轻子数守恒要求反应前轻子数之和等于反应后轻子数之和。这条定律对电磁和强相互作用成立,对弱相互作用也成立——至少迄今如此。以莱因斯中微子检测中利用的逆β衰变过程$\bar{v}_e + p \to n + e^+$为例，箭头左边电子反中微子$\bar{v}_e$的轻子数为-1，右边正电子$e^+$的轻子数也是-1，故满足轻子数守恒。如果在上式中用v_e（电子中微子）代$\bar{v}_e$，过程变为$v_e + p \to n + e^+$。因为左方的轻子数为+1，而右方为-1，轻子数不守恒，故这个过程被轻子数守恒所禁止。但如果中微子是马约拉纳粒子，轻子数守恒便不成立（见下文）。

无中微子双β衰变

迄今没有理论证明中微子是或不是马约拉纳粒子。但物理学家知道有一个实验可以证明或证伪马约拉纳假设。这个实验叫无中微子双β衰变。早在1935年，德裔美国物理学家高佩特（1963年诺贝尔物理学奖获得者）就考虑所谓双β衰变（2vββ）。有些元素不能通过通常的β衰变（发射一个电子）衰变，而只能通过发射两个电子衰变。更确切些说，这类元素的衰变过程是，同一原子核内的两个中子同时发生β衰变，发射两个电子和两个电子反中微子。双β衰变遵守轻子数守恒：衰变前总轻子数为零，衰变后电子数和反中微子数各为2，故总轻子数为零，满足轻子数守恒的要求。自1987年加州大学欧文分校的莫埃等在硒中发现双β衰变以来，截至2019年有14种同位素被观察到发生2vββ。2vββ属于二阶弱过程，是极为稀少的放射性衰变（实验确定其半衰期为$10^{18} \sim 10^{21}$年！），很难检测。

1939年法利指出，如果中微子是马约拉纳粒子且具有非零质量，可能存在一种罕见的情形：无中微子双β衰变（0vββ）。在2vββ中，核内两个中子同时各有一个下夸克通过发射一个W^-玻色子变为一个上夸克，使中子变为质子，同时发射一个电子和一个电子反中微子。我们知道，β衰

第 8 章　马约拉纳粒子：粒子 = 反粒子？

变中发射的电子反中微子是一个右手粒子（依照宇称违反，只有左手中微子和右手反中微子参与弱相互作用），如果中微子是马约拉纳粒子，它可在马约拉纳质量的"号令"下变为左手电子中微子，后者可通过弱相互作用激发另一个中子产生 β 衰变，中子变为质子，同时发射一个电子。简言之，可能碰巧一个中子发射的中微子被另一个中子所吸收，结果两个中子衰变为两个质子，同时发射两个电子，但无中微子（图 8-4）。这是 0νββ 最简单的情形。0νββ 违反轻子数守恒：过程之始轻子数为零，过程终于发射两个电子（而无两个反中微子与之相伴），故轻子数为 +2。如果 0νββ 存在，这将是物理学家遇到的第一宗轻子数不守恒的反应，并将证明中微子是马约拉纳粒子。

2νββ 衰变中发射两个电子反中微子，它们带走的能量至少等于它们的质能 $2mc^2$（假设两个中微子静止），故发射的两个电子的能量最多等于

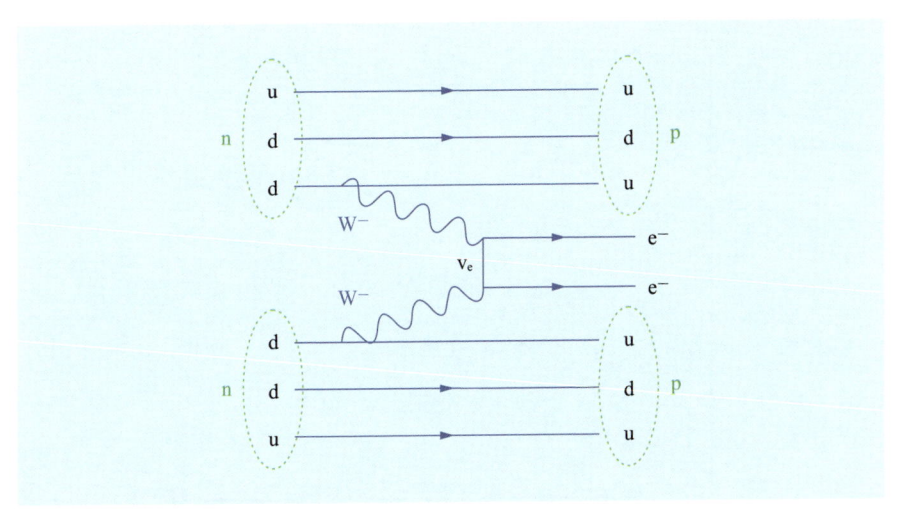

图 8-4　0νββ 的费曼图：两个中子衰变的最终产物是两个质子和两个电子，但无中微子

191

全部衰变能量减去 $2mc^2$。而在 0νββ 衰变中,既然没有中微子把能量分走,发射的两个电子将携带全部衰变能量。因此,如果 0νββ 存在,电子能谱将在 2νββ 衰变能量最大值以上出现一个尖峰(图 8-5)。检测到这个尖峰将是 0νββ 存在的证据。选择适当的双 β 衰变材料,现有的检测技术可以检测 0νββ。

无中微子 β 衰变是一项意义重大的预测。如果实验发现 0νββ,那将证明轻子数不变不是自然的一种对称(轻子数不守恒),并由此证明 80 年未解的马约拉纳命题成立,特别是中微子是马约拉纳粒子。这些都超出了现代粒子物理学的框架,可促使新物理的萌发。另外,因为 0νββ 发射的两个电子携带全部衰变能量,测量它们的能量将提供中微子的质量信息。此外,理论分析表明,0νββ 的发生概率与中微子质量有密切的关系,中微子质量越大,衰变率越高,故测量 0νββ 的衰变率有望提供直接测量

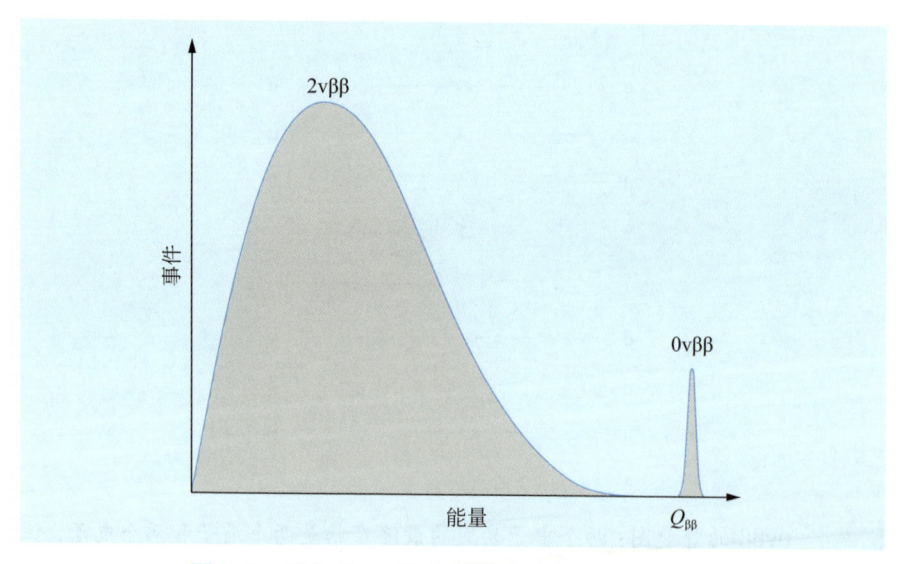

图 8-5 预期的 0νββ 能谱($Q_{ββ}$ 为衰变总能量)

中微子质量的一个入口。

寻找 0νββ 的大海里捞针的游戏在 20 世纪最后几年开始热起来，物理学家竞相建造检测 0νββ 的高精实验。有一些实验在 21 世纪初已经完成。德俄海德堡 – 莫斯科合作组的一些德国成员曾在 2001 年宣称在锗内观察到这种衰变。但遭到其他物理学家包括组内俄罗斯成员的质疑。最近几年有不少实验室开始采集数据。这些实验中有欧洲位于意大利大萨索的 CUORE（稀少事件低温地下观察站），有美国的 EXO-200（浓缩氙观察站），日本的 KamLAND-Zen，德俄继海德堡 – 莫斯科实验的 MAJUORANA 等。

位于意大利大萨索的以检测 0νββ 为目的的实验就有 3 个之多，这些国际合作计划采用不同的检测方法。当然，这些实验都看中了阿尔卑斯大萨索峰岩石下深处良好的宇宙射线屏蔽条件。

CUORE 建于大萨索岩石下 1.6km 深处的检测器使用 200kg 碲，其中约 1/3 具有放射性并有双 β 衰变的记录。检测器冷却到接近绝对零度（10×10^{-3}K），使其可记录由一个粒子或 γ 射线的吸收引起的微小温升。为了屏蔽岩石的放射性，检测器用 3cm 厚的铅衬套包裹。普通的铅本身有少量放射性，衬套必须使用自然放射性衰减殆尽的十分古老的铅。事有凑巧，1988 年一名潜水者发现了两千年前沉没在撒丁岛海岸的一艘货轮的残骸，内有一千个铅锭。意大利国家核物理研究所通过为打捞出资，获得了 10t 用于制造检测器屏蔽衬套的理想材料。

美国的 EXO-200 实验位于新墨西哥卡尔斯巴特附近的一处盐床下 650m 深处，那里也是一处核废料填埋场。检测器基本上是盛在一个保持适当温度的铜鼓内的 200kg 液态氙，也用铅屏蔽核废料辐射和宇宙射线。实验装置在斯坦福大学组装后运送到新墨西哥，两地相距 2000km。研究者极尽小心，不使实验装置在运送途中受辐射影响。因为空运将暴露于较严重的宇宙辐射，他们将其封装在密封容器内用装有特殊防震装置的卡车运送。为了尽可能缩短暴露于宇宙射线的时间，卡车由两名司机轮流驾驶，昼夜兼程，一路送达目的地。同时，日本物理学家也开始在神冈搜索 $0\nu\beta\beta$，他们使用盛在一个尼龙气球内的 400kg 氙。

迄今所有这些实验都没有发现 $0\nu\beta\beta$ 的证据，只是得出了这种已知最稀少衰变的半衰期在 10^{25} 年的量级。尽管如此，还有一批寻找 $0\nu\beta\beta$ 的实验将在下一个十年中接踵而来。最令人瞩目的是 2019 年启动的中国锦屏极深地下极低辐射本底前沿物理实验设施（见第 5 章），其研究目标中有 $0\nu\beta\beta$。[①] 这些实验将告诉我们什么？让我们耐心等待。

物质 – 反物质不对称

中微子在宇宙物质 – 反物质不对称的形成中可能扮演着超乎我们想象的角色。

在大爆炸后诞生的宇宙中，物质和反物质应该一样多。可是今日的宇宙主要由物质构成，反物质非常稀少。大量科学观测表明，太阳系和银河中的星体和地球一样是由物质构成的。在来自银河远处、每日都在轰击地球的高能宇宙射线中，质子与反质子的比例为 10000∶1。科学家也从未观察到宇宙中大块反物质与物质湮灭产生的 γ 射线暴。科学家曾直接测量宇宙中反物质的稀少程度。MIT 的粒子物理学家丁等建造了一台阿尔法磁谱仪（AMS），用巨大的超导体和 6 个灵敏的检测器寻找宇

---

① 国家重大科技基础设施"极深地下极低辐射本底前沿物理实验设施"在雅砻江锦屏水电站开工建设 - 清华大学工程物理系（tsinghua.edu.cn）。

宙射线中的反物质核。1998 年 NASA 的发现号航天飞机携载廷的仪器的原型，检测到数百万氦核，但无一个反氦核。宇宙怎么从初生时物质和反物质平衡演化到今日物质统治的状态呢？这个问题叫**重子不对称问题**。科学家已被这种基本水平上的对称破缺困惑数十年。

假设有一个已知反应，比如 μ 衰变 $\mu^- \to e^- + v_\mu + \bar{v}_e$。现在我们把其中每个粒子都置换为其对应的反粒子，变为 $\mu^+ \to e^+ + \bar{v}_\mu + v_e$。依照宇称最大违反，只有左手粒子和右手反粒子参与弱相互作用，故我们知道，在 μ 衰变中，μ^-、e^-、v_μ 是左手粒子，$\bar{v}_e$ 是右手粒子。把这些粒子各置换为其对应的反粒子的操作是：用右手 μ^+ 取代左手 μ^-，用右手 e^+ 取代左手 e^-，用右手 $\bar{v}_\mu$ 取代左手 v_μ，用左手 v_e 取代右手 $\bar{v}_e$。如果物质和反物质服从同样的物理定律，后一反应也应成立。事实上实验证明，μ 和反 μ 分别经上述两过程衰变，它们的寿命精确相等。上面这个例子的一般表达叫 CP 对称。

所谓 CP 变换是 C 和 P 两种变换的组合（次序无关）。P 变换就是第 7 章中的宇称反演，它将粒子的手征性左右交换，左变右或相反。C 变换指荷共轭运算，就是把粒子置换为反粒子，例如将一个 μ 变为反 μ，但不涉及手征性。简而言之，CP 变换就是将一个反应中的每个粒子都置换为其对应的反粒子，就像上面对 μ 衰变所做的那样。CP 对称就是物理定律对 CP 变换不变，如上例中 μ 衰变和它的 CP 变换（反 μ 衰变）服从同样的弱相互作用定律。

单就荷共轭变换来说，我们知道电磁和强力对 C 变换对称，但弱力不。1957 年苏联著名物理学家朗道提出，C 对称和 P 对称对弱力不成立，但对 C 和 P 的组合 CP 变换成立——好像 C 对称破缺和 P 对称破缺互相抵偿了。并且他认为物质与反物质间的真正对称是 CP 对称。换言之，如果物质与反物质对等和平衡，CP 对称应对所有自然力成立。

但若宇宙遵守 CP 对称，它就不会演变到如今物质占绝对优势的状态。1967 年苏联物理学家萨哈罗夫[①]就把 CP（和 C）违反列为宇宙从物质–反物质平衡的初始条件产生不平衡的 3 个必要条件之一。所以为了解释物质–反物质不平衡，科学家需要寻找 CP 违反的证据。

对于电磁和强相互作用来说，迄今没有观察到 CP 违反的迹象。但 1964 年，物理学家终于捕捉到弱衰变中 CP 违反的证据。电中性的 K-介子可通过 W 玻色子的媒介变换为其反粒子或相反。普林斯顿物理学家克罗宁和菲奇在加速器中产生中性 K 介子雨，结果发现它们在两个方向的衰变概率不精确相等。这是第一次发现一种可造成物质–反物质不对称的效应。尽管这种效应非常微小，也轰动了物理学界。诺贝尔委员会认识到这一发现的重要意义，授予克罗宁和菲奇 1980 年诺贝尔物理学奖。

此后，直到 1999 年 CERN 和费米实验室才发现中性 K 介子衰变 CP 违反的直接证据。这一发现也在 CERN 的重大科学成就之列。21 世纪初，新一代的实验陆续发现另一些系统的轻微 CP 违反，但没有观察到轻子的 CP 违反。直到 2020 年 4 月，日本东海–神冈 T2K（见第 4 章）国际合作组发布了一个重要报告：他们首次发现了轻子的 CP 违反。在他们的实验中，位于东京的 J-PRC 加速器交替产生的 μ 中微子 v_μ 束和 μ 反中微子 $\bar{v}_\mu$ 束被发送至 295km 外的神冈，被超级 -K 所检测。结果发现，（因中微子味震荡）由 $v_\mu \to v_e$ 的概率显著高于由 $\bar{v}_\mu \to \bar{v}_e$ 的概率。这表明中微子

[①] 安德烈·萨哈罗夫（Andrei Sakharov, 1921—1987），苏联物理学家，早期设计热核武器，1965 年后回归基础研究，致力于研究粒子物理和物理宇宙学，以提出物质–反物质不对称三条件著称。萨哈罗夫也是苏联著名社会活动家和不同政见者，致力于社会改革和公民权利，呼吁世界和平和核裁军，获 1975 年诺贝尔和平奖。

与反中微子的行为存在差异。特别是，比之 K 介子衰变的 CP 轻微违反，这种不对称似乎大到有望解释宇宙中物质 – 反物质不平衡的程度，而且也与许多解释宇宙物质 – 反物质不平衡起源的理论相容。这一发现被称为"中微子解释宇宙存在的迄今最强的证据"。他们的发现已有 95% 的置信度。为了进一步测量这种不对称的大小，T2K 团队正在改进他们的实验，包括超级 -K 检测器升级。与此同时，美国的 DUNE 也在筹备新的实验。[①]

如果你记得的话，我们在第 6 章中曾提及泡利 **CPT 对称定理**，其中 T 表示**时间反演**。什么叫时间反演呢？简单地说，就是在描述一个物理过程的方程中用 $-t$ 代 t 得到的过程。形象地说，你把一个物理过程从头到尾拍摄下来。正着播放这部视频时，你看到这个过程从初始到终止状态的演变。如果倒过来播放，你看到这个过程的时间反演，即从终态到始态的演变。在特殊平衡状态下，T 变换是对称的。比如两个运动的刚性球碰到一起然后分开这样一个过程，两个方向播放时看来都很自然——都是两个球滚到一起、碰撞、分开的过程。正向和反向过程都与我们的经验相符。但一般情形下 T 对称不成立。比如这两个球的动量很大，球体又很不结实，相撞后它们都碎了。现在你倒放视频，你看到那些碎片自行拼成为两个球，然后相撞再分开。我们从未看见过这样的事——碎片不可能自行复合。事实上我们知道，热力学第二定律[②]禁止这样的过程发生。在量子力学和粒子物理中，T 对称也不成立。可是 CPT 定理说物理

---

① Strongest evidence yet that neutrinos explain how the universe exists. — *Science Daily*.
② 热力学第二定律说，孤立系统的熵恒增，熵可理解为结构或秩序。球在碰撞中碎裂是系统结构破坏（从有秩序到较无秩序）的过程，故系统熵增。球的碎块复合是一个产生结构（从无秩序到有秩序）的熵降低的过程，它不可能发生，除非从外界输入能量。

定律在 CPT（荷共轭－宇称反演－时间反演）变换下不变，或 CPT 对称对所有的物理现象成立。这就是说，虽然在最基本的水平上，C 对称、P 对称和 T 对称都不成立，但三者的组合 CPT 对称成立。这被认为是自然的一条基本定律。我们的宇宙和它的 CPT 反演版服从同样的物理定律。有趣的是，因为 CPT 对称成立，CP 对称对弱相互作用不成立意味着 T 对称对弱相互作用也不成立，但 CP 变换引起的不对称与 T 变换引起的不对称好像互相抵消了。

马约拉纳准费米子

马约拉纳假设提出后 80 年，中微子是不是马约拉纳粒子的问题尚未有定论。但在人工产生马约拉纳粒子的研究上有显著进展。这种粒子叫作**准粒子**。它是超导材料内电子集体行为产生的激发，与真空内量子涨落相似——真空内能量瞬间变为虚粒子又变为能量。尽管准粒子不像自然中的粒子，但仍被视为真实的马约拉纳粒子。斯坦福大学华裔理论物理学家张首晟等在 2011—2015 年指出如何检验马约拉纳费米子假设，但实验的设计和实现都极其困难。2017 年洛杉矶加州大学物理学家王康领导的包括加州大学欧文分校和加州大学戴维斯分校的团队在一系列实验中找到了这种马约拉纳费米子存在的证据。[1] 后来相继有发现马约拉纳费米子的报告。荷兰埃因霍芬（Eindhoven）大学[2] 和 MIT[3] 的研究人员用他们自己设计和制作的器件（基本上是生长在超导薄膜上的纳米线网）获

---

[1] Evidence for the Majorana fermion, a particle that's its own antiparticle. — *Science Daily*.
[2] 28 years old and closer than ever to the solving of the mystery of the Majorana particles (tue.nl).
[3] First sighting of mysterious Majorana fermion on a common metal | MIT News | Massachusetts Institute of Technology.

得马约拉纳费米子。

这些发现与中微子是不是马约拉纳粒子没有太大关系。研究这类粒子的驱动力除了证明马约拉纳粒子的存在，主要是这种粒子潜在的重要应用，它们是量子计算机基本元件量子比特的鲁棒候选者。

在本书初稿的写作快要结束时，《自然》网站评选出2020年十大科学发现。日本T2K国际合作团队μ中微子–电子中微子振荡概率高于μ反中微子–电子反中微子振荡概率的发现（见上文）被列为第一项，称为"物质统治宇宙之谜的首个佐证"。[①]

[①] *Nature*、*Science* 分别公布2020年度十大科学发现和十大科学突破(sohu.com)。

结语

我们的中微子故事到此结束。自从泡利提出中微子概念至今已有90多年,从莱因斯和考恩第一次发现中微子至今也有60多年了。这么多年来,科学家竭尽努力,试图揭开这种"可爱的小中子"的神秘面纱。莱因斯和戴维斯开始检测中微子时,他们还是孤独的斗士,如今中微子物理和中微子天文学已经是活跃的科学分支,特别是中微子实验已经成为蔚为壮观的国际既竞争又合作的大科学。粒子物理的现有框架——标准模型——盛不下这种轻到不知几何的粒子,中微子研究也是创建超越标准模型的新物理的主要推手之一。

但中微子本身仍裹在其神秘面纱中。我们至今不知道它们的质量,不清楚它们的质量起源,不知道它们的质量为何比起其余的基本费米子来得这么小,我们不知道它们是不是马约拉纳粒子,也不清楚弥漫整个宇宙的这种细微粒子在宇宙演变中究竟扮演怎样的角色。当然,理论家在不停地探索这些问题,特别是中微子的质量起源。现有多种中微子质量起源的说法。有的说中微子是因与希格斯场的耦合获得质量,有的说中微子是与别的场耦合产生质量,有的预测中微子的质量来自某种我们尚不知道的全新的机理。理论家对最后一种可能性抱有很大的期望,因为一种能够解释中微子质量的全新的机理有可能为宇宙学中的一些大问题,如物质–反物质不对称和暗物质等,提供线索。目前最为流行的一种中微子质量产生的假设叫作跷跷板机理。

这种机理假设存在一种极重的右手中微子，左手中微子和右手中微子好像各"坐"在跷跷板的两端。因为右旋中微子非常重，左旋中微子——迄今我们观察到的中微子——才非常轻，且右手中微子越重，左手中微子就越轻。这里的"跷跷板"其实就是比例的隐喻。物理学家能够通过数学分析说明这样一种机理的可能性。自 20 世纪 80 年代中提出以来，跷跷板机理有一些不同的版本。最简单的叫**跷跷板 – Ⅰ**，比较流行的是**跷跷板 – Ⅱ**。这种机理通过引入一些场（包括希格斯场）来解释中微子的质量并证明中微子是马约拉纳粒子。对于普通人来说，这类复杂曲折的推理很难理解，更无法想象在自然中如何实现。事实上，这种机理联系着粒子物理发展中的所谓**大一统理论**（Grand Unified Theory，GUT）。

实验已经证明电磁和弱相互作用在高能量（10^2GeV 量级）上统一为电弱相互作用。标准模型预测电弱与强相互作用的强度随着能量的增大逐渐接近，在高达 10^{16}GeV（质子质能约 1GeV）左右的能量上它们变得十分接近。理论家认为这种现象并非偶然，如果存在一批超对称粒子，这两种相互作用的强度将变得相等，这样电弱和强相互作用将统一而为**电核相互作用**。正如电弱相互作用服从规范对称，电核相互作用服从一个更大的规范对称。这种规范对称产生一些力场粒子，但只有一个耦合常数。这便是 GUT 的基本思想。在 GUT 的框架中，跷跷板机理除了解释中微子的质量和性质，还有望为宇宙学的重大问题包括物质 – 反物质不对称和暗物质等提供答案。例如有的理论家从跷跷板机理推导出一种导致今天宇宙物质 – 反物质极端不对称的机理，叫**轻子创世说**。

GUT 模型预测的粒子质能在 10^{16}GeV 的量级，现代最强大的对撞机的能量尚未及 10^4GeV，在可见的将来对撞机的能量也不会超过 10^5GeV，通过直接检测这些粒子来检验 GUT 的可能性几乎没有。唯一的希望是通过检测 GUT 模型的一些预测来为其提供佐证。这些预测有质子衰变、磁单极和中微子性质等。其实检测这些现象也非常困难,质子衰变、磁单极、无中微子双 β 衰变等检测迄今未有结果。虽然如此,理论家对 GUT 寄予厚望,他们甚至希望将引力的量子理论与 GUT 综合在一起,那样就将有一个所有已知自然力的统一理论,叫万物理论(Theory of Everything,TOE)。可是这种试图将 20 世纪的两大突破——广义相对论和量子力学——融合而构建一种引力的量子理论的过程中,理论家们遇到了困难,至今没有获得一种完全自洽的引力量子理论。GUT 和 TOE 尚在探索中,不知道离终点有多远或多近,但这场理论物理的长征已经成为科普出版物的热门主题之一。著名宇宙学家霍金就写了两本介绍 TOE 的书:*The Theory of Everything: The Origin and Fate of the Universe*(《宇宙简史:起源与归宿》,斯蒂芬·霍金著,赵金亮译,译林出版社)及 *The Illustrated Theory of Everything*。美国著名科普作家和活动家加来道雄亦有新著 *The God Equation: The Quest for a Theory of Everything*(《上帝的方程:寻求万物理论》)。有兴趣的读者可在网上获取更多信息。

参考资料

[1] Neutrino, Close. S. E., Oxford University press, 2010.

[2] Neutrino Hunters: The Thrilling Chase for A Ghostly Particle to Unlock the Secret of The Universe, Ray Jayawardhana, Scientific American/ / Farrar, Straus and Giroux, 2013.

[3] The Perfect Wave: With Neutrinos at the Boundary of Space and Time, Heinrich Päs, Harvard University Press, 2014.

[4] Symmetry and the Beautiful Universe, Leon M. Lederman (Nobel Laureate)) and Christopher T. Hill, Prometheus Books, 2004.

[5] Beyond the God Particle, Leon Lederman (Nobel Laureate), Christopher Hill, Prometheus Books, New York, 2013.

[6] The Telescope in the Ice: Inventing a New Astronomy at the South Pole, Mark Brown, ST. Martin's Press, New York, 2017.

[7] 物质深处：粒子物理学的摄人之美 [美] 布鲁斯 A. 舒姆著，潘士先译，清华大学出版社，2015.

[8] Wikipedia: Beta decay, Neutrino, Neutrino oscillation, Neutrino detector, Supernova, Wolfgang Pauli, Enrico Fermi, Bruno Pontecorvo, Ettore Majorana, CERN, SLAC National Accelerator Laboratory, Weak interaction, W and Z bosons, Electroweak interaction, Higgs boson, Higgs mechanism, Daya Bay（大亚湾）Reactor Neutrino Experiment, IceCube

Neutrino Observatory, Chirality, Parity (physics), CP-violation, CPT symmetry, Double Beta Decay, Neutrinoless double beta decay, Majorana fermion, Yang-mills theory, Wang Ganchang（王淦昌）, Yang Chen-Ning（杨振宁）, Tsung-Dao Lee（李政道）, Chien-Shiung Wu（吴健雄）, 等.

附录 与中微子有关的事件（部分）

[1] 1896 年贝克勒尔发现放射性

[2] 1898 年居里夫妇发现钋和镭

[3] 1899 年卢瑟福发现 α 和 β 射线

[4] 1903 年居里夫妇因发现钋和镭元素共获诺贝尔物理学奖

[5] 1920 年卢瑟福因发现 α 和 β 射线获诺贝尔物理学奖

[6] 1900 年维拉德发现 γ 射线

[7] 1900 年居里夫妇和贝克勒尔确定 β 粒子是电子

[8] 1907 年卢瑟福确定 α 粒子为氦核

[9] 1911 年梅特纳尔和汉恩、1913 年丹尼兹和 1914 年查德威克的测量表明贝塔粒子具有连续能谱

[10] 1914 年伽马射线被确定是一种电磁辐射

[11] 1925 年泡利提出不相容原理

[12] 1926 年 1 月薛定谔提出量子力学的第一个波动方程

[13] 1926 年玻恩提出波函数的概率诠释

[14] 1928 年 1 月狄拉克提出电子的相对论波动方程

[15] 1930 年泡利提出贝塔衰变的"中子"建议

[16] 1931 年狄拉克提出正电子（反电子）

[17] 1932 年查德威克发现中子

[18] 1932 年费米将泡利的"中子"命名为中微子

[19] 1932—1933 年安德森发现正电子

[20] 1933 年薛定谔和狄拉克因"发现原子理论的富有成效的新形式"获 1933 年诺贝尔物理学奖

[21] 1933 年第 7 次索尔维会议,玻尔、泡利、费米在会议期间讨论了中微子问题

[22] 1934 年费米发表贝塔衰变理论

[23] 1934 年贝蒂和佩尔斯预测中微子实际上不可检测

[24] 1935 年高佩特研究双贝塔衰变

[25] 1935 年查德威克因发现中子获诺贝尔物理学奖

[26] 1936 年安德森发现缪轻子

[27] 1937 年马约拉纳提出马约拉纳粒子

[28] 1938 年马约拉纳失踪

[29] 1938 年贝蒂和克里奇菲尔德提出太阳 p-p 链核反应,贝蒂继又发现 CNO 循环

[30] 1938 年费米因发现用慢中子诱导核反应获诺贝尔物理学奖

[31] 1939 年法利指出无中微子双贝塔衰变存在,如果中微子是马约拉纳粒子

[32] 1941 年王淦昌提出用电子捕获检测中微子

[33] 1942 年费米建成世界上第一个可控自持核链式反应

[34] 1945 年泡利因提出不相容原理获诺贝尔物理学奖

[35] 1945 年庞蒂科夫提出中微子氯检测器

[36] 1950 年庞蒂科夫投奔苏联

[37] 1953 年莱因斯和考恩用闪光检测器检测反应堆中微子获初步结果

[38] 1954 年杨振宁和米尔斯提出杨–米尔斯理论

[39] 1955 年戴维斯和巴考尔开始用氯检测器检测太阳中微子

[40] 1955—1956 年塞格雷和张伯伦发现反质子和反中子

[41] 1956 年莱因斯–考恩中微子实验成功,并给泡利发了电报

[42] 1956 年 6 月李政道和杨振宁提出弱相互作用宇称不守恒

[43] 1956 年底吴健雄实验证明宇称不守恒

[44] 1957 年初莱德曼等实验证明宇称最大违反

[45] 1957 年李政道和杨振宁因提出宇称不守恒获诺贝尔物理学奖

[46] 1957 年庞蒂科夫提出中微子振荡的概念

[47] 1958 年泡利逝世

[48] 1959 年庞蒂科夫指出缪中微子是一个与缪相关的独立粒子及实验验证的方法

[49] 1960 年莱德曼、施瓦兹和斯坦伯格发现缪中微子

[50] 1960 年南部阳一郎提出粒子质量可能起源于自发对称破缺

[51] 1962 年真希、中川、酒田,1967 年庞蒂科夫相继给出中微子振荡的定量描述

[52] 1964 年克罗宁和菲奇发现弱相互作用 CP 违反

[53] 1964 年希格斯、恩格勒等提出希格斯场

[54] 1967 年萨哈罗夫提出物质–反物质不对称的包括 CP 不对称等三个必要条件

[55] 1967 年贝蒂因发现太阳核反应获诺贝尔物理学奖

[56] 1967—1968 年温伯格、萨拉姆等提出统一电弱相互作用理论模型——GSW 模型

[57] 1968 年戴维斯－巴考尔太阳中微子实验成功，但检测到的中微子仅及理论预测的约 1/3，由此产生太阳中微子问题

[58] 1969 年格里波夫和庞蒂科夫发表《中微子天文学与轻子电荷》的著名论文，指出中微子味振荡

[59] 1971 年霍夫特和韦尔特曼完成 GSW 模型的可重正化证明

[60] 1973 年实验发现弱中性流相互作用

[61] 1976 年佩尔和蔡永苏发现陶轻子，佩尔因此与莱因斯分享诺贝尔物理学奖

[62] 1979 年格拉肖、温伯格和萨拉姆因建立标准模型获诺贝尔物理学奖

[63] 1980 年克罗宁和菲奇因发现 CP 违反获诺贝尔物理学奖

[64] 1983 年实验发现 W 和 Z 玻色子

[65] 1984 年鲁比亚和范德梅尔因发现 W 和 Z 玻色子获诺贝尔物理学奖

[66] 1984 年陈华生提出用重水检测中微子

[67] 1984 年克劳斯、格拉肖和施拉姆发表关于地球中微子的开创性论文

[68] 1985 年米克赫耶夫和斯米尔诺夫发现 MSW 效应

[69] 1987 年 2 月谢尔顿等发现超新星 SN1986A

[70] 1987 年有 3 个中微子观测站（日本超级 K、美 IMB 和俄巴克申）捕获来自 SN1987A 的共 25 个中微子

[71] 1987—1995 年神冈实验验证太阳中微子短缺和巴考尔太阳模型

[72] 1988 年莱德曼、施瓦兹和斯坦伯格因发现缪中微子获诺贝尔物理学奖

[73] 1993 年南极缪与中微子检测阵列（AMANDA）的试验性实验建成

[74] 1995 年莱因斯与佩尔各因首次成功检测中微子和发现陶轻子获诺贝尔物理学奖

[75] 1996 年神冈检测器完成升级为神冈 K 检测器，可检测大气中微子

[76] 1998 年神冈实验报告检测到差不多相同数目的来自大气的电子中微子和缪中微子

[77] 1999 年 CERN 发现 K 介子衰变中 CP 违反的直接证据

[78] 1999 年霍夫特和韦尔特曼因证明电弱模型可重正化获诺贝尔物理学奖

[79] 2001 年 SNO 实验室报告中微子检测结果，来自太阳的电子中微子在从太阳星核到地球途中通过味振荡变为所有 3 种味大体上均匀的分布——大约各占 1/3

[80] 2002 年戴维斯和小柴昌俊因"对天体物理的贡献，特别是检测宇宙中微子"获诺贝尔物理学奖

[81] 2003 年 SNO 报告，到达地球的太阳中微子中只有约 1/3 是电子中微子，其余 2/3 是缪和陶中微子，由此证明中微子震荡；这个结果与神冈 2001 年的结果一致

[82] 2004 超新星早期预警系统（SNEWS）开始工作

[83] 2005 年神冈检测器首次报告地球中微子检测结果

[84] 2010 年意大利 Borexino 实验为神冈的结果提供了独立验证

[85] 2008 年南部阳一郎因发现亚原子物理中的自发对称破缺获诺贝尔物理学奖

[86] 2010 年冰立方（南极冰立方中微子天文台）建成

[87] 2011 年日本东海 – 神冈 T2K 实验宣布发现缪中微子振荡为电子中微

子的现象

[88] 2011 年神冈发布了一个更新结果：在 2135 天的检测器时间中检测到 106 个地球中微子，Borexino 在一定程度上独立验证了神冈的结果

[89] 2012 年冰立方检测到能量高达百万 GeV 以上的来自宇宙空间的中微子"巴特"和"欧尼"

[90] 2012 年 CERN 发现希格斯玻色子

[91] 2013 年希格斯和恩格勒因发现希格斯机理获诺贝尔物理学奖

[92] 2014 年大亚湾反应堆中微子实验给出中微子震荡概率的最新结果

[93] 2015 年尾田隆章和麦克唐纳因发现中微子震荡并因此证明中微子具有质量获诺贝尔物理学奖

[94] 2015 年张首晟指出如何检验马约拉纳费米子假设

[95] 2017 年王康等获得马约拉纳费米子存在的实验证据

[96] 2017 年威尔士卡的夫大学的研究者用智利 ALMA 望远镜捕捉到 SN1987A 形成的中子星图像

[97] 2019 年中国锦屏"极深地下极低辐射本底前沿物理实验设施"项目启动

[98] 2019 年 9 月德国卡尔斯鲁厄 KATRIN 实验给出电子中微子的质量上界为 1.1eV

[99] 2020 年 4 月 MIT 和荷兰埃因霍芬大学的研究人员用他们自己设计制作的器件获得马约拉纳准费米子

[100] 2020 年 4 月神冈 T2K 国际合作研究团队在中微子震荡中发现 CP 违反，其不对称似乎大到足以解释宇宙中物质–反物质不平衡的程度，此项发现被《自然》网站评为 2020 年十大科学发现之首，称其为"宇

宙中物质起源之谜的首个佐证"

[101] 2020年CERN发现希格斯玻色子被《新科学家》和《史密森学会》杂志等评为过去十年的十大科学发现之一

[102] 2020年9月日本金泽（Kanazawa）大学科学家提出理解中微子基本性质的新框架，有助于解释物质–反物质不对称，并给出可用大强子对撞机直接检验的预测

[103] 2020年8月中国大亚湾和美国费米实验室的科学家联合进行的寻找（电子、缪和陶以外）第四种中微子——只与重力相互作用的惰性中微子（sterile neutrinos）——的实验，未见其存在的迹象

[104] 2021年10月费米实验室MicroBooNE实验的第一批结果没有发现惰性中微子存在的证据

[105] 2023年4月中国科学院的科学家称，中国计划建造世界最大的30km^{3}的深海中微子检测器，由55000个悬挂在2300条链上的光学传感器组成，现已完成水下1800m深检测系统的海洋试验

[106] 2023年7月冰立方中微子天文台科学家团队在《科学》期刊发表银河中微子图像

[107] 2023年8月FASER (Forward Search Experiment)和SND (Scattering and Neutrino Detector)国际合作团队利用CERN的大强子对撞机（LHC）独立地第一次观察到对撞机中微子，这可能为实验物理学研究打开了重要的新途径

[108] 2023年10月上海交通大学李政道研究所的科学家发表于 *Nature Astronomy* 的论文"A multi-cubic-kilometer neutrino telescope in the western-Pacific ocean"称，中国正在中国南海赤道附近建设名为"三

叉戟"（Trident）的热带深海中微子望远镜。三叉戟将是世界最大的新一代中微子检测器，体积达 7.5km³（冰立方为 1km³），具有前所未有的检测效率，可全天空检测天体物理中微子源

[109] 2024 年 4 月冰立方中微子天文台发现 7 个来自天体物理源的陶中微子

[110] 2024 年 4 月德国海德堡马克斯·普朗克核物理研究所（Max Planck Institute for Nuclear Physics in Heidlberg, Germany）的一个研究团队给出迄今最精确的中微子质量估计，上限为 0.8eV 除以光速平方，约合 1.4×10^{-35}kg，下限为 0.12eV 除以光速平方

[111] 2024 年 8 月由美国费米实验室主持、30 多个国家合作、1000 多名研究者参与的 DUNE（深地中微子实验）（始于 2015 年 1 月）用其原型检测器检测到第一批中微子

[112] 2024 年 8 月大亚湾反应堆中微子实验合作组获欧洲物理学会（European Physical Society）2023 年高能和粒子物理学奖（High Energy and Particle Physics Prize）

[113] Icecube-Gen2（第二代冰立方中微子望远镜）将增加 120 条传感器链、12000 个光学传感器，体积扩大 8 倍，灵敏度提高 5 倍，检测能量可达 $10^6 \sim 10^{10}$Gev，可以以前所未有的高分辨率揭示宇宙高能中微子的来源和传播，预计 2032 年建成